FORSCHUNGSBERICHTE DES LANDES NORDRHEIN-WESTFALEN

Nr. 2757/Fachgruppe Physik/Chemie/Biologie

Herausgegeben im Auftrage des Ministerpräsidenten Heinz Kühn
vom Minister für Wissenschaft und Forschung Johannes Rau

Prof. Dr.-Ing. habil. Friedrich Asinger
Prof. Dr. rer. nat. Alfons Saus
Institut für Technische Chemie und Petrolchemie
der Rhein.-Westf. Techn. Hochschule Aachen

Oxathiine, Dithiine und Thiomorpholine
auf Basis billiger Rohstoffe
(Synthesen und Reaktionsverhalten)

Springer Fachmedien Wiesbaden GmbH 1978

CIP-Kurztitelaufnahme der Deutschen Bibliothek

<u>Asinger Friedrich:</u>
Oxathiine, Dithiine und Thiomorpholine auf
Basis billiger Rohstoffe (Synthesen und
Raktionsverhalten) / Friedrich Asinger ;
Alfons Saus. - 1. Aufl. - Opladen : West-
deutscher Verlag, 1978.

  (Forschungsberichte des Landes Nordrhein-
  Westfalen ; N. 2757 : Fachgruppe Physik,
  Chemie, Biologie)
  ISBN 978-3-531-02757-9

NE: Saus, Alfons:

© 1978 by Springer Fachmedien Wiesbaden
Ursprünglich erschienen bei Westdeutscher Verlag GmbH, Opladen 1978
Gesamtherstellung: Westdeutscher Verlag

ISBN 978-3-531-02757-9   ISBN 978-3-663-19740-9 (eBook)
DOI 10.1007/978-3-663-19740-9

INHALTSVERZEICHNIS

	Seite
Übersicht	2
Literatur zu Kapitel 1	4
2.3 Dihydro-1.4-Oxathiine	6
Synthese	6
Oxidation der 2.3-Dihydro-1.4-oxathiine	11
Literatur zu Kapitel 2	15
2.3-Dihydro-1.4-dithiine	16
Kondensation des linearen Additionsproduktes aus 2-Mercaptopentanon-3 und Äthylensulfid zum 2.3-Dihydro-5-methyl-6-äthyl-1.4-dithiin	24
Strukturbeweis für das 2.3-Dihydro-5-methyl-6-äthyl-1.4-dithiin	26
Darstellung von 2.3-Dihydro-5-methyl-6-äthyl-1.4-dithiin auf Basis von 2-Brompentanon-(3) und 1.2-Dimercaptoäthan	
IR-Spektrum	27
NMR-Spektrum	27
Mono- und dialkylierte 2.3-Dihydro-1.4-dithiine aus α-Halogenketonen und 1.2-Dimercaptoäthan	28
2.3-Dihydro-1.4-dithiine aus α-Chloracetessigsäureäthylester und 1.2-Dimercaptoäthan	31
Literatur zu Kapitel 3	34
Thiomorpholinsynthesen und Reaktionsverhalten unsubstituierter Thiomorpholin-1.1-dioxide	37
Einleitung	37
Hydrierung von 5.6-Dihydro-4H-1.4-thiazinen mit Natriumborhydrid	39
Hydrierung von 5.6-Dihydro-4H-1.4-thiazinen mit Ameisensäure	40

Synthesen für Äthylenimin	41
5.6-Dihydro-4H-1.4-thiazine und Thiomorpholine	43
Thiomorpholine auf Basis von Mercaptoketonen und Aziridinen	43
Thiomorpholine auf Basis von Ketonen bzw. Aldehyden, Schwefel und Äthylenimin	46
Selenomorpholine auf Basis von Ketonen, Äthylenimin und Selen	51
Thiomorpholinsynthesen ohne Anwendung von Aziridinen	51
Zusammenfassende Diskussion zur Frage der Thiomorpholinsynthesen ohne Anwendung von Aziridinen	54
5.6-Dihydro-4H-1.4-thiazine aus N-Acetyl-ß-chloräthylamin und α-Mercaptoketonen	55
Synthese des unsubstituierten Thiomorpholins	58
1.4-Thioxan-1.1-dioxid durch Oxidation von Thiodiglykol unter Alkali-Katalyse	64
Umsetzungen von 1.4-Thioxan-1.1-dioxid mit Aminen	65
Umsetzung von 1.4-Thioxan-1.1-dioxid mit Hydrazin (Darstellung von 4-Amino-thiomorpholin-1.1-dioxid)	73
Literatur zu Kapitel 4	75
Thiomorpholinderivate	86
Einleitung	86
3-Cyano-thiomorpholine und Perhydro-3-cyano-thiazolo-thiazine	87
Reaktionsverhalten der 3-Cyano-thiomorpholine bzw. der Perhydro-3-cyano-thiazolo-thiazine	91
Alkylsubstituierte Thiomorpholin-1-oxide und -1.1-dioxide	92
Reaktionen mit 2-Methyl-3-äthylthiomorpholin-1-oxid und 2-Methyl-3-äthylthiomorpholin-1.1-dioxid	98
Mannichbasen der Thiomorpholine	104
s-Triazin-Derivate der Thiomorpholine	107

Acylierung von Thiomorpholinen	123
Umsetzung von 2-Methyl-3-äthyl-thiomorpholin mit Carbonsäurehalogeniden	123
Umsetzung von 2-Methyl-3-äthyl-thiomorpholin mit Carbonsäureestern	128
Umsetzung von 2-Methyl-3-äthyl-thiomorpholin mit Carbonsäureanhydriden	130
Umsetzung von 2-Methyl-3-äthyl-thiomorpholin mit Phosgen	132
Acylierung von 2-Methyl-3-äthyl-thiomorpholin mit Harnstoff	134
Umsetzung von 2-Methyl-3-äthyl-thiomorpholin mit Dicarbonsäuredichloriden	136
Sulfonamide durch Umsetzung von 2-Methyl-3-äthyl-thiomorpholin mit Sulfonsäurehalogeniden	137
N-Alkylthiomorpholine	138
Umsetzung von 2-Methyl-3-äthyl-thiomorpholin mit Alkylchloriden	138
Umsetzung von 2-Methyl-3-äthyl-thiomorpholin mit Alkylhalogeniden unter Druck	142
Darstellung von N-Alkylthiomorpholinen durch die Leuckart-Wallach-Reaktion	145
Umsetzung von 2-Methyl-3-äthyl-thiomorpholin mit Dialkylsulfaten	146
Quartäre Thiomorpholiniumsalze	147
Quartäre Ammoniumverbindungen ausgehend von 2-Methyl-3-äthyl-thiomorpholin und Estern starker Mineralsäuren	148
Quartäre Ammoniumverbindungen ausgehend von 2-Methyl-3-äthyl-thiomorpholin und Alkylhalogeniden	149
Quartäre Ammoniumverbindungen ausgehend von 2-Methyl-3-äthyl-4-alkyl-thiomorpholinen	150

S-Alkylverbindungen des 2-Methyl-3-äthyl-thiomorpholins	152
Trennung der Isomeren des 2-Methyl-3-äthyl-thiomorpholins	153
Physikalische Eigenschaften der getrennten Isomeren des 2-Methyl-3-äthyl-thiomorpholins	154
Reaktionen der getrennten Isomeren des 2-Methyl-3-äthyl-thiomorpholins	155
Literatur zu Kapitel 5	162

Vorwort

Der vorliegende Bericht stellt eine Zusammenfassung unserer bisherigen wichtigsten Ergebnisse auf dem Gebiet der Synthese von Oxathiinen, Dithiinen und Thiomorpholinen sowie unserer Untersuchungen zum Reaktionsverhalten dieser Verbindungsklassen dar. Die Verbindungen sind ausnahmslos durch den Einsatz billigster Rohstoffe zugänglich. Grundlegend für die vorliegenden Untersuchungen waren unsere früheren Arbeiten über die gemeinsame Einwirkung von Schwefel und Ammoniak auf Carbonylverbindungen, worüber wir in früheren Forschungsberichten des Landes Nordrhein-Westfalen ausführlich berichteten [s.Berichte Nr. 1594 (1966), Nr. 2231 (1973) und 2483 (1975)] . Der jetzige Bericht umfaßt schwerpunktmäßig die Ergebnisse, die in den letzten drei Jahren erzielt wurden.

Die Arbeiten wurden durch großzügige Unterstützung durch das Landesamt für Forschung des Landes Nordrhein-Westfalen gefördert. Hierfür sei an dieser Stelle besonders gedankt.

Dank gebührt auch allen Mitarbeitern für ihren unermüdlichen Einsatz und die Begeisterung, mit der sie die Untersuchungen durchgeführt haben.

1. Übersicht

Bei unseren Untersuchungen zum Reaktionsverhalten von α-Mercaptoketonen, die durch Hydrolyse der von uns erstmals dargestellten Thiazoline-(3) leicht zugänglich geworden sind [1], hatten wir gefunden, daß diese Verbindungen mit Epoxiden, Thiiranen sowie Aziridinen glatt zu neuen Stoffklassen reagieren [2]. Da sich für die auf diese Weise billig zu synthetisierenden Ringsysteme der Oxathiine, Dithiine bzw. Thiazine sowie deren Folgeprodukte praktische Verwendungsmöglichkeiten etwa zum Aufbau von pharmazeutischen Präparaten, systemischen Fungiziden, als Schmieröladditive, Vulkanisationsbeschleuniger und Antioxidantien eröffnen, haben wir inzwischen zahlreiche bisher unbekannte Derivate dieser Ringsysteme dargestellt und ihre Reaktionsfähigkeit untersucht.

5.6-Disubstituierte 2.3-Dihydro-1.4-oxathiine gewinnen als systemische Fungizide (Vitavax, Carboxin, Plantvax) steigende Bedeutung [3-14].

Diese Verbindungen werden bislang ausschließlich aus Chloracetessigsäureestern oder -amiden und Mercaptoäthanol hergestellt [3-6,8,11,13,14]

Der folgende Bericht gibt eine Übersicht über die von uns durchgeführten Arbeiten über neue Synthesen von Oxathiinen, Dithiinen und Thiomorpholinen. Die einzelnen Stoffklassen werden in dieser Reihenfolge nacheinander behandelt.

Den Synthesen liegt das folgende allgemeine Reaktionsschema zugrunde:

$$\begin{array}{c} R-C=O \\ | \\ R^1-CH-SH \end{array} + \overset{}{\underset{Y}{\triangle}}-R^2 \xrightarrow[-H_2O]{} \begin{array}{c} R- \\ R^1- \end{array}\!\!\bigg\langle\!\!\!\begin{array}{c} Y \\ \\ S \end{array}\!\!\!\bigg\rangle\!\!-R^2 \qquad (1.1)$$

$Y = O, S, N$

Demnach ergeben sich konsequenterweise die Kapitel 2 (Oxathiine), 3 (Dithiine) und 4 (Thiomorpholine). Wegen der Fülle an Informationsmaterial über Thiomorpholinderivate wurde diesem Thema ein eigenes Kapitel (5) gewidmet.

Abschließend zu jedem Kapitel werden Reaktionen und Derivate der verschiedenen Stoffklassen beschrieben. Hierbei sind z.T. auch Reaktionen berücksichtigt, die nicht zum gewünschten Produkt führten. Diese Ergebnisse sind deshalb mit aufgeführt, um dem Leser auch eine rasche Übersicht auch über "mißlungene" Experimente zu vermitteln.
Desweiteren möchten wir darauf hinweisen, daß die betreffenden Literaturangaben sich jeweils am Ende eines einzelnen Kapitels befinden.

Die hier zusammengefaßten Ergebnisse sind Teile der folgenden, in unserem Arbeitskreis durchgeführten Diplom- bzw. Doktorarbeiten[15-30].

1.1 Literatur zu Kapitel 1

1) F. Asinger, W. Schäfer und G. Herkelmann
   Liebigs Ann. Chem. 672, 179 (1964), dort weitere Lit.-Hinweise

2) F. Asinger und Mitarbeiter
   Forschungsbericht des Landes NRW, Nr. 1594, Westdeutscher
   Verlag, Köln und Opladen, 1966

3) U.S. Pat. 3.249.499 v. 3.5.1966 (B. von Schmeling,
   M. Kulka, D. S. Thiara und A. Harrison; United States
   Rubber Co.),
   C.A. 65, 7190 (1966)

4) Niederl. Pat. Anm. 6.605.525 v. 27.10.1966 (United States
   Rubber Co.),
   C.A. 66, 95055 (1967)

5) Niederl. Pat. Anm. 6.605.527 v. 8.5.1967 (Uniroyal, Inc.),
   C.A. 68, 78294 (1968)

6) Franz. Pat. 1.477.062 v. 14.4.1967 (B. von Schmeling,
   M. Kulka, D. S. Thiara und W. A. Harrison; Uniroyal, Inc.),
   C.A. 68, 95830 (1968)

7) B. Muller,
   Def. Veg. 1968, 22 (133), 239-48;
   C.A. 71, 12047 (1969)

8) Südafr. Pat. 69 03.663 v. 22.5.1969 (H. Oseika, A. Fischer,
   H.E. Kiefer, BASF),
   C.A. 73, 45523 (1970)

9) P. ten Haken,
   J. Heterocycl. Chem. 1970, 7 (5), 1211,
   C.A. 74, 22741 (1971)

10) M. Snel und L. V. Edgington,
    Meded. Fac. Landbouwwetensch., Rijksuniv. Gent 1971, 36 (1),
    79-88, C.A. 76, 21816 (1972)

11) D.O.S. 2.117.807 v. 28.10.1971 (P. ten Haken, B. P. Armitage,
    Shell Internat. Research Maatschappij, N.V.),
    C.A. 76, 24218 (1972)

12) E. I. Andreeva,
    Khim. Sel. Khoz. 1972, 10 (2), 112-16;
    C.A. 77, 15365 (1972)

13) R. Wegler,
    Chemie der Pflanzenschutz- und Schädlingsbekämpfungsmittel,
    Bd. 2, S. 104-105, Springer-Verlag, Berlin, Heidelberg,
    New York 1970

14) N. N. Melnikow,
    Chemistry of Pesticides, S. 423-424,
    Springer-Verlag, New York, Heidelberg, Berlin 1971

15) E. Bähr, Diplomarb., TH Aachen 1975
16) C. Dudeck, Dissert., TH Aachen 1969
17) J. Hartig, Dissert., TH Aachen 1972
18) E. Fichtner, Diplomarb., TH Aachen 1972
19) K. H. Lim, Dissert., TH Aachen 1969
20) P. R. Müller, Dissert., TH Aachen 1969
21) D. Neuray, Dissert., TH Aachen 1969
22) F. Puchner, Dissert., TH Aachen 1973
23) W. Pürschel, Dissert., TH Aachen 1966
24) P. Rasche, Dissert., TH Aachen 1972
25) P. Scherberich, Dissert., TH Aachen 1970
26) M. Schmitz, Dissert., TH Aachen 1975
27) J. Stalschus, Dissert., TH Aaachen 1974
28) E. Wilms, Dissert., TH Aachen 1971
29) J. Martin, Diplomarb., TH Aachen 1975
30) M. Kaußen, Diplomarb., TH Aachen 1977

2. 2.3 Dihydro-1,4-Oxathiine[1-7]

2.1 Synthese

Verbindungen, die mindestens ein acides H-Atom enthalten, reagieren in Gegenwart saurer oder basischer Katalysatoren mit Epoxiden unter Aufspaltung des reaktiven Oxiranringes und Addition an eines der beiden Kohlenstoffatome des Dreiringes. Der Mechanismus und die Richtung der Ringöffnung sind von der Art des jeweiligen Katalysators abhängig[8]. Als H-acide Komponenten können auch α-Mercaptoketone verwendet werden. Diese, in Gegenwart basischer Katalysatoren nach einem S_N2-Mechanismus verlaufenden Umsetzungen können folgendermaßen formuliert werden:

$$\begin{matrix} R-C=O \\ | \\ R^1-CH-SH \end{matrix} + R^2 \overset{R^3 \quad R^4}{\underset{O}{\triangle}} R^5 \xrightarrow[S_N 2]{[OH^-]} \begin{matrix} R-C=O \\ | \\ R^1-CH \end{matrix} \overset{HO}{\underset{S}{\diagdown}} \overset{R^5}{\underset{}{\underset{C}{\overset{|}{\diagup}}}} \overset{R^4}{\underset{R^2}{\diagup}} \overset{}{\underset{R^3}{}} \qquad (2.1)$$

$\underline{2.1}$ $\qquad$ $\underline{2.2}$ $\qquad\qquad$ $\underline{2.3}$

Die Notwendigkeit der Anwendung basischer Katalysatoren ergibt sich aus der Tatsache, daß es beim Einsatz unsymmetrischer Epoxide in Gegenwart von Säuren in einer nach dem S_N1-Mechanismus verlaufenden Reaktion zur Bildung isomerer Additionsprodukte kommt. Die basisch katalysierte Reaktion führt dagegen ausschließlich zu denjenigen Produkten, welche durch Addition des nucleophilen Partners an das am geringsten substituierte C-Atom des Oxiranringes entstanden sind. Die offenkettigen Produkte gemäß $\underline{2.3}$ sind stabil und können in reiner Form isoliert werden.

Die Synsthese der Linearprodukte $\underline{2.3}$ erfolgt bei 20-30°C in einem innerten Lösungsmittel, vorzugsweise in Methanol, in der Weise, daß zur gerührten und gekühlten Lösung des betreffenen α-Mercaptoketons nach der Zugabe des basischen Katalysators (Alkalihydroxid, Alkoholat, tert. Amin u.a.) das Epoxid tropfenweise zugegeben wird.

Die Linearprodukte 2.3 kondensieren beim Erhitzen in vorzugsweise Benzol in Gegenwart von Säuren (p-Toluolsulfonsäure oder 85 proz. Orthophosphorsäure) am Wasserabscheider zu den entsprechenden 2.3-Dihydro-1.4-Oxathiinen 2.4, wobei die nicht isolierbare Zwischenstufe des cyclischen Halbketals anzunehmen ist.

$$2.3 \xrightarrow{[H^+]} \left[\begin{array}{c} \overset{\oplus}{O}H_2 \quad R^5 \\ R \underset{|}{\overset{|}{-}} O \underset{|}{\overset{|}{-}} R^4 \\ R^1 \underset{|}{\overset{|}{-}} S \underset{|}{\overset{|}{-}} R^3 \\ R^2 \end{array} \right] \xrightarrow{-H_2O} \begin{array}{c} R-C \underset{\|}{\overset{}{}} O \underset{|}{\overset{|}{-}} R^4 \\ R^1-C \underset{}{\overset{}{}} S \underset{|}{\overset{|}{-}} R^3 \\ R^2 \end{array} \qquad (2.2)$$

$$\underline{2.4}$$

Die Reindarstellung der ß-[2-Hydroxy-alkyl]-mercaptoketone (2.3) erübrigt sich, wenn man nach Abschluß der basenkatalysierten Additionsreaktion das Lösungsmittel abdestilliert, das rohe Additionsprodukt in Toluol oder Benzol aufnimmt und anschließend in Gegenwart von p-Toluolsulfonsäure einsetzt. Hierbei ist es am zweckmäßigsten, die Lösung von 2.3 in siedendes, mit katalytischen Mengen an p-Toluolsulfonsäure versetztes Toluol einzutropfen und das freigesetzte Kondensationswasser azeotrop abzudestillieren (Verdünnungsprinzip).

Die Reaktion von α-Mercaptoketonen mit solchen Epoxiden, die noch weitere funktionelle Gruppen enthalten, eröffnet einen präparativ interessanten Weg zur Synthese einer Vielzahl neuer 2.3-Dihydro-1.4-Oxathiin-Derivate.
Die Verallgemeinerungsfähigkeit der beschriebenen Synthese von 2.3-Dihydro-1.4-Oxathiinen wird durch die in Tabelle 2.1 angegebenen Beispiele belegt.
Bei diesen Verbindungen handelt es sich um farblose bis schwach gelb gefärbte Flüssigkeiten von charakteristischem, anhaltendem Geruch. Wegen der Autoxidationsempfindlichkeit muß unter Luftausschluß gearbeitet werden. In Gegenwart von Luft tritt bereits nach wenigen Stunden Braunfärbung der Verbindungen ein.

Tabelle 2.1 Substituierte 2.3-Dihydro-1.4-oxathiine aus α-Mercaptoketonen und Epoxiden

α-Mercaptoketon	Epoxid	...2.3-dihydro-1.4-oxathiin	Ausb. % a)
2-Mercapto-pentanon-(3)	Äthylenoxid	5-Methyl-6-äthyl-	96 b)
1-Phenyl-2-mercapto-propanon-(1)	Äthylenoxid	5-Methyl-6-phenyl-	77 b)
2-Mercapto-pentanon-(3)	Methyl-oxiran	2.5-Dimethyl-6-äthyl-	75 b)
1-Phenyl-2-mercapto-propanon	Methyl-oxiran	2.5-Dimethyl-6-phenyl-	72 b)
2-Mercapto-cyclohexanon	Cyclohexa-(b)oxiran	2.3-Tetramethylen-5.6-tetramethylen-	72 b)
2-Mercapto-cyclopentanon	Äthylenoxid	5.6-Trimethylen-	74
2-Mercapto-cyclohexanon	Äthylenoxid	5.6-Tetramethylen-	86
2-Mercapto-cyclopentanon	Methyl-oxiran	2-Methyl-5.6-trimethylen-	72
2-Mercapto-cyclohexanon	Methyl-oxiran	2-Methyl-5.6-tetramethylen-	88
2-Mercapto-pentanon-(3)	Epichlorhydrin	2-Chlormethyl-5-methyl-6-äthyl-	87
1-Phenyl-2-mercapto-propanon-(1)	Epichlorhydrin	2-Chlormethyl-5-methyl-6-phenyl-	85
2-Mercapto-cyclopentanon	Epichlorhydrin	2-Chlormethyl-5.6-trimethylen-	76
2-Mercapto-cyclohexanon	Epichlorhydrin	2-Chlormethyl-5.6-tetramethylen-	83
2-Mercapto-pentanon-(3)	Cyclohexa(b)oxiran	2.3-Tetramethylen-5-methyl-6-äthyl-	82
1-Phenyl-2-mercapto-propanon-(1)	Cyclohexa(b)oxiran	2.3-Tetramethylen-5-methyl-6-phenyl-	79
2-Mercapto-cyclopentanon	Cyclohexa(b)oxiran	2.3-Tetramethylen-5.6-trimethylen-	79

2-Mercapto-pentanon-(3)	Glycidimethyläther	2-Methoxamethyl-5-methyl-6-äthyl-	74
2-Mercapto-pentanon-(3)	Glycidphenyläther	2-Phenyloxymethyl-5-methyl-6-äthyl-	75
2-Mercapto-pentanon-(3)	Äthylmercaptooxiran	2-Äthylmercapto-methyl-5-methyl-6-äthyl-	79
2-Mercapto-pentanon-(3)	3-Diäthylamino-methyloxiran	2-Diäthylamino-methyl-5-methyl-6-äthyl-	68
2-Mercapto-pentanon-(3)	ß-Methyl-glycid-säureäthylester	2-Äthoxycarbonyl-3.5-dimethyl-6-äthyl-	81
2-Mercapto-pentanon-(3)	Cyclopenta-(b)oxiran	2.3-Trimethylen-5-methyl-6-äthyl-	72
2-Mercapto-pentanon-(3)	Epibromhydrin	5-Methyl-6-äthyl-2-brommethyl-	52
2-Mercapto-pentanon-(3)	2.2-Dimethyloxiran	2.2.5-Trimethyl-6-äthyl-	72
2-Mercapto-pentanon-(3)	1.2-Dimethyloxiran	2.3.5-Trimethyl-6-äthyl-	38
2-Mercapto-pentanon-(3)	Äthyloxiran	5-Methyl-2.6-diäthyl-	56
2-Mercapto-pentanon-(3)	n-Nonyloxiran	5-Methyl-2-äthyl-2-nonyl-	70
2-Mercapto-pentanon-(3)	Phenyl-oxiran	5-Methyl-6-äthyl-2-phenyl-	42
2-Mercapto-pentanon-(3)	2.3-Epoxi-3-phenyl-propan-säureanilid	5-Methyl-6-äthyl-3-phenyl-carboxanilido-	30
2-Mercapto-pentanon-(3)	Diepoxibutan	2.2'-Bis-(4-methyl-6-äthyl)-	79

a) Ausbeute, bez. auf eingesetztes α-Mercaptoketon

b) Aus dem entspr. ß-[2-Hydroxy-alkyl]-mercaptoketon 2.3; Ausbeute, bez. auf eingesetztes 2.3

Die Umsetzungen von α-Mercaptoketonen mit 2.3-Epoxi-propanol-(1) (Glycid) führen nicht zu 5.6-disubstituierten 2-Hydroxymethyl-2.3-dihydro-1.4-oxathiinen, sondern zu einer neuen Verbindungsklasse, den 6.8-Dioxa-3-thia-bicyclo-[3.2.1]-octanen (2.5).

$$R^1-C=O \atop R^2-CH-SH \quad + \quad \triangle-CH_2OH \longrightarrow \begin{array}{c} \nrightarrow \; R^1,R^2\text{-}[O\text{-}CH_2OH, S] \\ \\ R^1,R^2\text{-}[O\text{-}O, S] \end{array}$$

2.1

$$\begin{aligned} & R^1 = C_2H_5 \; ; \; R^2 = CH_3 \\ & R^1 = C_6H_5 \; ; \; R^2 = CH_3 \\ 2.5 \quad & R^1 = CH_3 \; ; \; R^2 = C_6H_5 \end{aligned}$$

(2.3)

Das 4-Methyl-5-äthyl-6.8-dioxa-3-thia-bicyclo-[3.2.1]-octan ist der erste Vertreter einer neuen Verbindungsklasse (vgl. The Ring Index: RRI 1225[9]).

Über Substanzen mit 6.8-Dioxa-bicyclo-[3.2.1]-octan-Struktur, die durch intramolekulare Addition von OH-Funktionen an Doppelbindungen dargestellt werden können, wurde in jüngerer Zeit berichtet[10], so z.B. gemäß Gl. (2.4).

$$CH_3-[O,CH_3,CH_2OH] \xrightarrow[THF]{Hg(OAc)_2} CH_3-[O]-CH_3 \equiv CH_3-[O,O]-CH_3 \quad (2.4)$$

Wegen der Bedeutung spezieller 2.3-Dihydro-1.4-oxathiine als systemische Fungizide versuchten wir, ausgehend von 5-Methyl-6-äthyl-2-chlormethyl-2.3-dihydro-1.4-oxathiin, das auf Basis von Epichlorhydrin, Diäthylketon und Schwefel gut zugänglich ist, unter Substitution der Chlorfunktion neue Derivate zu synthetisieren. Es zeigte sich, daß der Chlorsubstituent von 2.6 derart reaktionsträge ist, daß u.a. Verseifungsversuche, Grignard-Reaktionen sowie Umsetzungen mit NaCN, CuCN, AgCN, NaNH$_2$, Na, NaO-C$_6$H$_5$ nicht zum Erfolg führten.

Dagegen konnte mit Phthalimid-Kalium folgende Umsetzung erzielt werden:

$$C_2H_5 \underset{CH_3}{\overset{}{\bigsqcup_S^{-O}}} CH_2Cl + \underset{O}{\overset{O}{\bigodot}} NK \longrightarrow C_2H_5 \underset{CH_3}{\overset{}{\bigsqcup_S^{-O}}} CH_2-N\underset{O}{\overset{O}{\bigodot}} \qquad (2.5)$$

$$\underset{\text{2.7}}{\downarrow}$$

$$C_2H_5 \underset{CH_3}{\overset{}{\bigsqcup_S^{-O}}} CH_2NH_2$$

Eine Hydrazinolyse des Phthalimidderivates zum entsprechenden
2-Aminomethyl-2.3-dihydro-1.4-oxathiin gelang bisher nicht.

Die Umsetzung von 5-Methyl-6-äthyl-2-chlormethyl-2.3-dihydro-
1.4-oxathiin mit Natrium-hydrogenpolysulfid führt zu 4-Methyl-
5-äthyl-8-oxa-3.6-dithia-bicyclo-[3.2.1]-octan (2.8).

$$C_2H_5 \underset{CH_3}{\overset{}{\bigsqcup_S^{-O}}} CH_2Cl \xrightarrow{Na\,S_x\,H} C_2H_5 \underset{CH_3}{\overset{}{\bigsqcup_S^{O}}}_S \qquad (2.6)$$

$$\underline{2.8}$$

5-Methyl-6-äthyl-2-brommethyl-2.3-dihydro-1.4-oxathiin reagiert wie das entsprechende Chlorderivat mit Phthalimid-Kalium.
Die Grenzen der hier beschriebenen Synthese der 2.3-Dihydro-
1.4-oxathiine sind dadurch gegeben, daß Oxirane mit einem durch
Alkylgruppen abgeschirmten Ring nicht reagieren. Bei langkettigen Epoxiden beeinträchtigen die aufwendigen Reinigungsverfahren
die Ausbeuten sehr.

2.2 Oxidation der 2.3-Dihydro-1.4-oxathiine

Auf die Luftempfindlichkeit der 2.3-Dihydro-1.4-oxathiine wurde
bereits hingewiesen. Die gezielte Oxidation dieser Verbindungen
zu Sulfoxiden und Sulfonen wurde bisher am Beispiel der als
Insektizide wichtigen 2.3-Dihydro-5-carboxamido-6-methyl-1.4-
oxathiine durchgeführt[11].
Die Oxidation der 2.3-Dihydro-1.4-oxathiine mit 30 proz. Wasserstoffperoxid in Aceton bei 0-25 °C führt gezielt zu den ent-

sprechenden Sulfoxiden. Erhöht man die Temperatur auf 45-95 °C
bei gleichzeitiger Erhöhung des Anteils an Wasserstoffperoxid,
dann werden Sulfone erhalten.

(2.7)

Die Sulfoxide zeigen erwartungsgemäß eine geringere Luftempfindlichkeit als die Ausgangsverbindungen; andererseits fällt aber die thermische Stabilität der monooxidierten Verbindungen, so daß die destillative Trennung nur eine sehr begrenzte Anwendungsmöglichkeit bietet. Tabelle 2.2 enthält die von uns dargestellten 2.3-Dihydro-1.4-oxathiin-4-oxide.

Tabelle 2.2 2.3-Dihydro-1.4-oxathiin-4-oxide durch Oxidation von 2.3-Dihydro-1.4-oxathiinen mit der äquivalenten Menge 30-proz. Wasserstoffperoxid bei 0°C in Aceton

R^1	R^2	R^3	Ausb. % d.Th.	Sdp./Torr bzw. Schmp.
C_2H_5	CH_3	H	70	76/0.1
C_6H_5	CH_3	CH_3	33	78-80/0.2
	$-(CH_2)_4-$	H	54	86-87

Die Darstellung der 2.3-Dihydro-1.4-oxathiin-4-dioxide erfolgt, wie erwähnt, durch Oxidation der Ausgangsverbindungen bei erhöhter Temperatur. Man wendet einen dreifach molaren Überschuß an 30 proz. Wasserstoffperoxid an und wendet als Lösungsmittel Aceton oder Eisessig an. Durch Abkühlen der Reaktionsmischung oder auch nach Verdünnen mit Wasser fallen die betreffenden S-Dioxide als farblose kristalline Verbindungen von hohem Reinheitsgrad fast quantitativ aus. Dadurch erübrigt sich in der Regel eine weitere Aufarbeitung. Andere Sulfone dieser Verbindungsklasse sind nur als hochsiedende Öle isolierbar, die durch vorsichtige Vakuumdestillation gereinigt werden.

Zur Darstellung der 2.3-Dihydro-1.4-oxathiin-4-dioxide tropft man zu deren essigsaurer Lösung die dreifach molare Menge an 30 proz. Wasserstoffperoxid. Vermutlich bildet die dabei intermediär zu erwartende Peressigsäure das eigentliche Oxidationsmittel. Wird infolge der stark exothermen Reaktion die Temperatur von 90 °C überschritten, dann ist mit einer explosionsartigen Zersetzung der Peressigsäure zu rechnen. Die Explosionsgefahr bedingt auch die weitere Aufarbeitung: Nach Beendigung der exothermen Reaktion erwärmt man noch einige Stunden auf 70 °C, engt die Lösung im Rotationsverdampfer weitgehend ein, nimmt den erkalteten Rückstand in Äther auf und macht mit verdünnter Natronlauge alkalisch. Die ätherische Lösung ist frei von Peroxiden und kann destillativ aufgearbeitet werden.

Die in Ausbeuten von 62-82 % d.Th. von uns dargestellten 2.3-Dihydro-1.4-oxathiin-4-dioxide sind in der Tabelle 2.3 zusammengefaßt.

Tabelle 2.3 2.3-Dihydro-1.4-oxathiin-4-dioxide durch Oxidation von 2.3-Dihydro-1.4-oxathiinen mit 3 Äquivalenten 30-proz. Wasserstoffperoxid bei 70°C in Eisessig

R^1	R^2	R^3	Ausb. % d.Th.	Schmp. °C Sdp./Torr
C_6H_5	CH_3	H	71	122-123
C_6H_5	CH_3	CH_3	80	150-152/0.07
	$-(CH_2)_4-$	H	65	115-116
	$-(CH_2)_4-$	CH_3	68	133-134
C_2H_5	CH_3	CH_2Cl	62	155/0.5
C_6H_5	CH_3	CH_2Cl	71	124-125
	$-(CH_2)_4-$	CH_2Cl	82	91-92

2.3 Literatur zu Kapitel 2

1) Paraschkewowa, P. Dipl.Arb., TH Dresden, 1959

2) Scherberich, P. Dipl.Arb., TH Aachen, 1968

3) Scherberich, P. Dissert., TH Aachen, 1970

4) Asinger, F., A. Saus, H. Offermanns und P. Scherberich, Liebigs Ann. Chem. 753, 151 (1971)

5) DOS 1.957.859 vom 27.5.1971 (Scherberich, P., Offermanns, H. Degussa), C.A. 75, 76808 (1971)

6) Franz. Pat. Anm. 2.067.324 vom 24.9.1971 (Degussa) C.A. 77, 34539 (1972)

7) Puchner, F., Dissert., TH Aachen, 1973

8) Parker, R.E. und N.S. Isaacs, Chem. Reviews 59, 737 (1959)

9) Patterson, A.M., L.T. Capell und D.F. Walker, The Ring Index; 2. Ausg., Mc Gregor u. Werner, Inc. 1960

10) Mundig, B.P., R.D. Otzenberger und A.R. De Bernadis, J. Org. Chem. 36, 2390 (1971)

11) US-Pat. 3.249.499 (3.5.1966), Uniroyal Inc. (Erf. von Schmeling, B., M. Kulka, D.S. Thiara und W.H. Harrison), C.A. 65, 7190 (1966)

3. 2.3-Dihydro-1.4-dithiine

Im Vergleich zu den 2.3-Dihydro-1.4-oxathiinen sind bisher
nur wenige Arbeiten auf dem Gebiet der 2.3-Dihydro-1.4-dithiine
veröffentlicht worden.

Der Grundkörper dieser Verbindungsklasse, das 2.3-Dihydro-1.4-
dithiin (oft auch als p-Dithien bezeichnet), wurde in schlechten
Ausbeuten von Parham, Heberling und Wynberg[1] nach zwei verschiedenen Verfahren dargestellt.

a) Durch Erhitzen von Bromacetaldehyddiäthylacetal mit 1.2-
Dimercaptoäthan in Gegenwart von p-Toluolsulfonsäure (PTS)
als Katalysator:

$$C_2H_5O-CH-OC_2H_5 \quad HS-CH_2 \qquad PTS$$
$$| + | \qquad \longrightarrow \quad \left[\begin{array}{c}S\\S\end{array}\right] \qquad (3.1)$$
$$CH_2Br \quad HS-CH_2$$
$$\underline{3.7}$$

Die Autoren nehmen hierbei folgenden Reaktionsverlauf an, der
durch Isolierung verschiedener Zwischen- und Nebenprodukte ge-
stützt wird:

Aus Bromacetaldehyddiäthylacetal und 1.2-Dimercaptoäthan entsteht in Gegenwart von Säuren zunächst das Dithiolan 3.1, Gl.(3.2),
welches sich unter Ringerweiterung in das nicht isolierbare Zwischenprodukt 3.2 umlagert, das weiter zu den Produkten 3.3, 3.4 und
3.5 reagiert, die alle isoliert werden konnten.

$$Br-CH_2-CH\begin{array}{c}O-C_2H_5\\O-C_2H_5\end{array} + \begin{array}{c}HS-CH_2\\|\\HS-CH_2\end{array} \xrightarrow[-2C_2H_5OH]{[H^+]} Br-CH_2-\left\langle\begin{array}{c}S\\S\end{array}\right] \qquad (3.2a)$$
$$\underline{3.1}$$

$$3.1 \longrightarrow \left[\begin{matrix} CH_2 \overset{S}{\diagdown} CH_2 \\ | \quad \quad | \\ \overset{\oplus}{C}H \underset{S}{\diagup} CH_2 \end{matrix} \right] Br^{\ominus} \begin{array}{l} \xrightarrow{-H^+} \left[\begin{smallmatrix} S \\ S \end{smallmatrix} \right] \quad \underline{3.3} \\ \longrightarrow \left[\begin{smallmatrix} S \\ S \end{smallmatrix} \right]\!\!-\!Br \quad \underline{3.4} \\ \longrightarrow \left[\begin{smallmatrix} S \\ S \end{smallmatrix} \right]\!\!-\!OC_2H_5 \quad \underline{3.5} \end{array} \quad (3.2b)$$

b) Durch Umsetzung von Bromacetaldehyddiäthylacetal mit dem Mononatriumsalz des 1.2-Dimercaptoäthans und anschließendes Ansäuern wird das 2-Äthoxy-1.4-dithian (<u>3.5</u>) erhalten, welches durch Erhitzen über Phosphorpentoxid unter Abspaltung von Äthanol in das 1.4-Dithien (<u>3.7</u>), Gl. (3.3), übergeführt wird:

$$\underset{\underset{CH_2Br}{|}}{C_2H_5O-CH-OC_2H_5} + \underset{\underset{NaS-CH_2}{|}}{HS-CH_2} \xrightarrow{-NaBr} \underset{\underset{CH_2-S-CH_2}{\underline{3.6}}}{\overset{H}{\underset{|}{C_2H_5O-\overset{|}{C}-OC_2H_5}} \underset{\underline{3.6}}{HS-CH_2}} \qquad (3.3)$$

$$\underline{3.6} \xrightarrow[-C_2H_5OH]{[H^+]} \underset{\underline{3.5}}{C_2H_5O} \overset{S}{\underset{S}{\diagdown}} \xrightarrow[-C_2H_5OH]{P_4O_{10}} \underset{\underline{3.7}}{\overset{S}{\underset{S}{\diagdown}}}$$

Schneider und Bagnell[2] erhielten das 1.4-Dithien durch Einwirkung von Säuren auf 2-n-Butylmercapto-1.4-dithian.

$$\underset{\underline{3.9}}{\overset{S}{\underset{S}{\diagdown}}\!\!-\!S-C_4H_9} \xrightarrow[-n-C_4H_9SH]{[H^+]} \underset{\underline{3.7}}{\overset{S}{\underset{S}{\diagdown}}} \qquad (3.4)$$

Nach einem Patent der Dow Chemical Co.[3] lassen sich alkylierte 2.3-Dihydro-1.4-dithiine durch Umsetzung von α-Halogenketonen mit 1.2-Dimercaptoäthan in Gegenwart von p-Toluolsulfonsäure in einer Stufe herstellen.

$$\begin{array}{c} R-C=O \\ R'-CH-X \end{array} + \begin{array}{c} HS-CH_2 \\ HS-CH_2 \end{array} \xrightarrow[\substack{-HX \\ -H_2O}]{[H^+]} \begin{array}{c} R \\ R' \end{array}\!\!\diagdown\!\!\begin{array}{c} S \\ S \end{array} \qquad (3.5)$$

$$\underline{3.8}$$

Der erste Schritt dieser Reaktion dürfte analog der 1.4-Dithien-Synthese aus Bromacetaldehyddiäthylacetal und 1.2-Dimercaptoäthan nach Parham, Heberling und Wynberg[1] in der Bildung eines Dithiolans bestehen.

Unabhängig davon wurde dieselbe Methode von Rubinstein und Wuerthele[4] zur Darstellung von 2.3-Dihydro-1.4-dithiinen angewendet.

An Stelle von Epoxiden (s. Gl. 2.1) lassen sich, wie wir fanden, in völlig analoger Weise auch die heteroanalogen Episulfide (Thiirane) mit α-Mercaptoketonen umsetzen.
Die wichtigste Methode zur Darstellung von Episulfiden (oft auch als Thiirane oder Äthylensulfide bezeichnet) besteht in der Umsetzung von Epoxiden mit Thioharnstoff oder Alkalirhodaniden unter Austausch des Sauerstoffs im Oxiranring durch Schwefel[5].
Die Umsetzungen erfolgen meist in wäßriger bzw. wäßrig-alkoholischer Lösung bei Temperaturen zwischen -10° und +25° C.

$$\triangle_O + \begin{array}{c} KSCN \\ oder \\ (NH_2)_2C=S \end{array} \xrightarrow[-(NH_2)_2C=O]{-KOCN\ bzw.} \triangle_S \qquad (3.6)$$

Bezüglich des Reaktionsverlaufes dieser Umsetzungen sei auf die umfangreiche Speziallitteratur verwiesen[6-14].

Als weitere wichtige Darstellungsmethode für Episulfide sei die Einwirkung von Alkalirhodaniden auf cyclische Carbonate von 1.2-Diolen bei 100° bis 200° C genannt[15,16].

$$\begin{array}{c} \diagup\!\!\!\diagdown \\ O\diagdown_{C}\diagup O \\ \parallel \\ O \end{array} \xrightarrow[\substack{-KOCN \\ -CO_2}]{+KSCN} \triangle_S \qquad (3.7)$$

Episulfide können weiterhin durch thermische Zersetzung cyclischer Monothiocarbonate dargestellt werden[17-20].

$$\overset{\displaystyle +\!\!-\!\!+}{\underset{\underset{O}{\|}}{S\!-\!C\!-\!O}} \xrightarrow[-CO_2]{Temp.} \overset{+\!-\!+}{\diagdown\!S\!\diagup} \qquad (3.8)$$

Es sei noch eine weitere interessante Darstellungsmethode erwähnt, die in der Reaktion von angeregten Schwefelatomen mit olefinischen Doppelbindungen besteht[21-25]. Die Erzeugung der angeregten Schwefelatome geschieht durch Photolyse von Kohlenoxysulfid.

Die Neigung zur Polymerisation ist bei den Episulfiden noch stärker ausgeprägt als bei den Vertretern der beiden heteroanalogen Verbindungsklassen der Aziridine und Epoxide. So polymerisiert Äthylensulfid bereits bei Temperaturen unterhalb von 0 °C und in Abwesenheit von Katalysatoren zu farblosen, festen Produkten, welche in organischen Lösungsmitteln unlöslich sind[26].

Bei Anwesenheit polarer Lösungsmittel und basischer oder saurer Agenzien wird die Polymerisation von Äthylensulfid erheblich beschleunigt[27-31].

Diese Eigenschaft des Äthylensulfids erweist sich sowohl bei dessen Darstellung als auch bei Umsetzungen mit Mercaptoketonen als nachteilig, da stets mehr oder weniger große Mengen an Polymerisat anfallen.

Mit Substanzen, die über mindestens ein acides Wasserstoffatom verfügen, reagieren Episulfide unter Aufspaltung des reaktiven Dreiringes und Addition zu den entsprechenden mercaptoalkylierten Produkten.

$$R^1\!-\!H \;+\; \overset{+\!-\!+}{\diagdown\!S\!\diagup} \;\longrightarrow\; R^1\!\!-\!\!\overset{|}{\underset{\underset{SH}{|}}{C}}\!\!- \qquad (3.9)$$

Als wichtigste Beispiele für Verbindungen, die mit Episulfiden unter Ringöffnung und Bildung von Additionsprodukten reagieren, seien organische und anorganische Säuren[26,32-36], Alkohole[33,37,38] und Phenole[39], Schwefelwasserstoff und Mercaptane[32,33,37,40], Ammoniak, primäre und sekundäre Amine[33,41,42] und CH-acide Verbindungen wie z.B. Malonester oder Acetessigester[43] aufgeführt.

Während Ammoniak und Amine auch ohne Katalysatoren mit Episulfiden in der gewünschten Weise reagieren, empfiehlt sich bei der Umsetzung der übrigen aciden Verbindungen die Anwendung saurer oder basischer Katalysatoren, wobei letzteren die größere Bedeutung zukommt.

Wie bei der Reaktion von aciden Verbindungen mit Epoxiden, so sind auch Mechanismus und Richtung der Ringöffnung bei der analogen Reaktion mit Episulfiden von der Art des Katalysators abhängig. In Gegenwart von Säuren findet eine S_N1-Reaktion statt. Bei Anwendung von basischen Katalysatoren erfolgen die Umsetzungen nach dem S_N2-Mechanismus:

$$R^1-H + B^\ominus \rightleftharpoons R^{1\ominus} + HB$$

$$R^{1\ominus} + \underset{S}{CH_2-CH_2} \xrightarrow{S_N2} \underset{S^\ominus}{\overset{R^1}{CH_2}-CH_2} \xrightarrow[-B^\ominus]{+HB} \underset{SH}{\overset{R^1}{CH_2}-CH_2} \quad (3.10)$$

R^1-H = acider Reaktionspartner
$B^\ominus$ = Base

Bei der Umsetzung unsymmetrischer Episulfide mit nucleophilen Partnern kann es prinzipiell zur Bildung isomerer Additionsprodukte kommen:

$$R^1-H + \underset{S}{CH_2-CH_2-R} \longrightarrow \begin{cases} R^1-CH_2-\underset{SH}{CH}-R \quad (A) \\ \\ HS-CH_2-\underset{R^1}{CH}-R \quad (B) \end{cases} \quad (3.11)$$

Einmal kann der Angriff des nucleophilen Partners am Kohlenstoffatom 1 erfolgen (Bildung des Additionsproduktes A) zum anderen am Kohlenstoffatom 2 (Bildung des Additionsproduktes B).

Während bei Anwesenheit von Säuren tatsächlich beide Additionsprodukte gebildet werden, verlaufen die Umsetzungen nucleophiler Reagenzien mit unsymmetrischen Episulfiden in Gegenwart basischer Katalysatoren selektiv unter Bildung desjenigen Reaktionsproduktes, welches durch Addition des Reaktionspartners an das am geringsten substituierte Kohlenstoffatom des Thiiranringes entstanden ist[32,36,44,45].

Bei der von uns aufgefundenen Reaktion von α-Mercaptoketonen mit Episulfiden entstehen in einer glatt verlaufenden Reaktion 2.3-Dihydro-1.4-dithiine (3.8) (Gl. 3.12).

Die bei der alkalisch katalysierten Umsetzung von α-Mercaptoketon mit dem Episulfid 3.10 intermediär gebildeten und auch isolierbaren ß-[2-Mercapto-alkyl]-mercaptoketone (3.11) kondensieren unter den für die Darstellung der Oxathiine beschriebenen Bedingungen zu den 2.3-Dihydro-1.4-dithiinen (3.8) (Gl. (3.12).

$$R-C=O \atop R^1-CH-SH \quad + \quad R^2 \underset{S}{\overset{}{\diagdown\diagup}} R^3 \quad \xrightarrow{[OH^\ominus]} \quad R-C \overset{OHS}{\underset{S}{\diagdown}} CH-R^3 \atop R^1-CH \quad CH \quad R^2$$

$$\underline{3.10}\underline{3.11}$$

$$(3.12)$$

$$\underline{3.11} \quad \xrightarrow[-H_2O]{[H^\oplus]} \quad R \underset{R^1}{\diagup}\underset{S}{\overset{S}{\diagup\diagdown}} R^3 \atop R^2$$

$$\underline{3.8}$$

Wie bei der Synthese der 1.4-Oxathiine kann auch hier auf die Isolierung der ß-[2-Mercapto-alkyl]-mercaptoketone verzichtet und der Ringschluß zu den 2.3-Dihydro-1.4-dithiinen in Gegenwart von p-Toluolsulfonsäure unter Abtrennen des Kondensationswassers vollzogen werden. Die von uns dargestellten Verbindungen (Tab. 3.1) sind farblose bis schwach gelbe Flüssigkeiten, die sich bei Luftzutritt langsam verfärben.

Das durch Umsetzung von 2-Mercaptopentanon-3 und Äthylensulfid zu erwartende ß-[2-Mercapto-äthyl]-pentanon-3 entsteht in 67 proz. Ausbeute als farblose Flüssigkeit vom Sdp. 87 °C/0,5 Torr, wenn man zur gekühlten methanolischen Lösung von 2-Mercaptopentanon-3 nach Zugabe katalytischer Mengen an Alkalihydroxid die äquimolare Menge an Äthylensulfid unter Rühren zutropft.

$$\begin{array}{c} C_2H_5-C=O \\ | \\ CH_3-CH-SH \end{array} + \begin{array}{c} CH_2-CH_2 \\ \diagdown S \diagup \end{array} \xrightarrow{[OH^\ominus]} \begin{array}{c} C_2H_5-C\diagup^{O}\diagdown^{HS}CH_2 \\ | \quad | \\ CH_3-CH\diagdown_S\diagup CH_2 \end{array} \quad (3.13)$$
$$\underline{3.11a}$$

Durch Umsetzung von <u>3.11a</u> mit Diäthylsulfat entsteht in 65 proz. Ausbeute der entsprechende Äthylthioäther <u>3.11b</u>.

$$\underline{3.11a} + (C_2H_5O)_2SO_2 \longrightarrow \begin{array}{c} C_2H_5-CO-CH-S-CH_2-CH_2-S-C_2H_5 \\ | \\ CH_3 \end{array} \quad (3.14)$$
$$\underline{3.11b}$$

Die Umsetzung von 2-Mercaptopentanon-(3) mit Äthylensulfid erfolgt zweckmäßig bei Temperaturen zwischen 20° und 30 °C. Hierbei beträgt der Anteil an polymerem Äthylensulfid, dessen Bildung unter den angewandten Reaktionsbedingungen (polares Lösungsmittel und Anwesenheit eines basischen Katalysators) nicht verhindert werden kann, etwa 30% des rohen Linearproduktes <u>3.11a</u>.

Bei Überschreitung des angegebenen Temperaturbereiches nimmt die Polymerenbildung zu.

Weiterhin muß ein Überschuß an Äthylensulfid vermieden werden, da das gebildete Reaktionsprodukt seinerseits mit Äthylensulfid weiter zu reagieren vermag.

$$\begin{array}{c} C_2H_5-C=O \quad CH_2-SH \\ | \quad\quad\quad | \\ CH_3-CH\diagdown_S\diagup CH_2 \end{array} + \begin{array}{c} CH_2-CH_2 \\ \diagdown S \diagup \end{array} \xrightarrow{[OH^\ominus]} \begin{array}{c} C_2H_5-C=O \quad CH_2-S-CH_2-CH_2-SH \\ | \quad\quad\quad | \\ CH_3-CH\diagdown_S\diagup CH_2 \end{array} \quad (3.15)$$
$$\underline{3.11a} \hspace{5cm} \underline{3.11c}$$

Tabelle 3.1 2.3-Dihydro-1.4-dithiine aus α-Mercaptoketonen und Thiiranen

α-Mercaptoketon	Thiiran	...2.3-dihydro-1.4dithiin	Ausb. % a)
2-Mercapto-pentanon-(3)	Äthylen-sulfid	5-Methyl-6-äthyl-	48 b)
2-Mercapto-butanon-(3)	Äthylen-sulfid	5.6-Dimethyl-	68
1-Phenyl-2-mercapto-propanon-(1)	Äthylen-sulfid	5-Methyl-6-phenyl	70
2-Mercapto-cyclopentanon	Äthylen-sulfid	5.6-Trimethylen-	72
2-Mercapto-pentanon-(3)	Propylen-sulfid	2.5-Dimethyl-6-äthyl-	80
1-Phenyl-2-mercapto-propanon-(1)	Propylen-sulfid	2.5-Dimethyl-6-phenyl	79
2-Mercapto-cyclopentanon	Propylen-sulfid	2-Methyl-5.6-trimethylen-	88
2-Mercapto-pentanon-(3)	Cyclohexensulfid	2.3-Tetramethylen-5-methyl-6-äthyl- c)	66
2-Mercapto-cyclopentanon	Cyclohexen-sulfid	2.3-Tetramethylen-5.6-trimethylen c)	83
2-Mercapto-pentanon-(3)	Diäthylamino-methyl-thiiran	2-Diäthylaminomethyl-5-methyl-6-äthyl	68
1-Phenyl-2-mercapto-propanon-(1)	Diäthylamino-methyl-thiiran	2-Diäthylaminomethyl-5-methyl-6-phenyl	72
2-Mercapto-pentanon-(3)	Methoxymethyl-thiiran	2-Methoxymethyl-5-methyl-6-äthyl	69
1-Phenyl-2-mercapto-propanon-(1)	Methoxymethyl-thiiran	2-Methoxymethyl-5-methyl-6-phenyl	64
2-Mercapto-cyclopentanon	Methoxymethyl-thiiran	2-Methoxymethyl-5.6-trimethylen	61

a) Ausbeute, bez. auf eingesetztes α-Mercaptoketon
b) Aus dem ß- [2-Mercapto-alkyl]-mercaptoketon;Ausbeute bez. auf eingesetztes α-Mercaptoketon
c) Diese Verbindungen werden besser als Hexahydro-p-benzodithiine bezeichnet.

Die stark ausgeprägte Polymerisationsneigung des Äthylensulfids einerseits und die nach Gleichung (3.15) verlaufende Folgereaktion andererseits bewirken eine erhebliche Ausbeuteminderung. Diese Tatsache führte uns zur Entwicklung einer anderen Synthese für mono- und dialkylierte 2.3-Dihydro-1.4-dithiine auf Basis von α-Halogenketonen und 1.2-Dimercaptoäthan (s. Abschn. 3.3).

Die Ergebnisse zeigen, daß die Umsetzung von 2-Mercaptopentanon-3 mit Äthylensulfid unter vergleichbaren Bedingungen mit Äthylenoxid durchgeführt werden kann. Jedoch liegen dort die Ausbeuten wegen der geringeren Polymerisationsneigung des Äthylenoxids wesentlich höher.

3.1 Kondensation des linearen Additionsproduktes aus 2-Mercaptopentanon-3 und Äthylensulfid zum 2.3-Dihydro-5-methyl-6-äthyl-1.4-dithiin

Bekanntlich addieren sich Mercaptane in Gegenwart von sauren Katalysatoren reversibel an die Carbonylgruppe von Aldehyden und Ketonen unter Bildung von Halbmercaptalen.

$$R-SH + R^1-CH_2-\underset{O}{\overset{\|}{C}}-R^2 \xrightleftharpoons{[H^\oplus]} R^1-CH_2-\underset{OH}{\overset{S-R}{\underset{|}{\overset{|}{C}}}}-R^2 \quad (3.16)$$

In Gegenwart von überschüssigem Mercaptan reagieren die instabilen Halbmercaptale weiter unter Bildung von Mercaptalen.

Setzt man jedoch die Carbonylverbindung und das Mercaptan in Gegenwart von Säuren in äquimolarem Verhältnis miteinander um, gelangt man unter geeigneten Reaktionsbedingungen über die Stufe der Halbmercaptale zu α,ß-ungesättigten Thioäthern, wie an zahlreichen Beispielen gezeigt werden konnte[46-51].

Aufgrund dieser Arbeiten wird für die Bildung α,ß-ungesättigter Thioäther aus Carbonylverbindungen und Mercaptanen folgender Mechanismus vorgeschlagen[52]:

Im ersten Reaktionsschritt findet die Addition eines Mercaptans
an die protonisierte Carbonylgruppe unter Bildung eines proto-
nisierten Halbmercaptals statt, welches anschließend unter Wasser-
abspaltung zur Bildung des α,ß-ungesättigten Thioäthers führt.

$$R-SH + R^1-CH_2-\underset{O}{\overset{\|}{C}}-R^2 + [H^\oplus] \longrightarrow R^1-CH_2-\underset{\overset{\oplus}{OH_2}}{\overset{S-R}{\underset{|}{C}}}-R^2 \xrightarrow[-H_2O]{-H^\oplus} R^1-CH=\overset{S-R}{\underset{|}{C}}-R^2 \quad (3.17)$$

Ein ähnlicher Mechanismus wird für die Kondensation der linearen
Additionsprodukte aus α-Mercaptoketonen und Epoxiden zu den entsprechenden 2.3-Dihydro-1.4-oxathiinen vorgeschlagen, die am be-
sten durch Erhitzen in Benzol oder Toluol am Wasserabscheider
in Gegenwart von p-Toluolsulfonsäure durchgeführt wird.

Es lag daher nahe, diese bei der Darstellung der 2.3-Dihydro-1.4-
oxathiine als optimal erkannte Kondensationsmethode auch bei der
Synthese der 2.3-Dihydro-1.4-dithiine anzuwenden.

Die Kondensation des mercaptoäthylierten 2-Mercaptopentanon-3
zum 2.3-Dihydro-5-methyl-6-äthyl-1.4-dithiin konnte unter den
oben angegebenen Bedingungen in 72% d.Th. bezogen auf reines
Linearprodukt, in 48% d.Th. bez. auf 2-Mercaptopentanon-(3) durchgeführt werden. Wegen der Luftempfindlichkeit des 2.3-Dihydro-5-
methyl-6-äthyl-1.4-dithiins bei höheren Temperaturen muß sowohl
bei der Kondensation als auch bei der destillativen Aufarbeitung
des Reaktionsgemisches unter Ausschluß von Luftsauerstoff gearbeitet werden.

Es wird folgender Kondensationsmechanismus vorgeschlagen:

$$\begin{array}{c} C_2H_5-C=O \;\; HS-CH_2 \\ | \quad\quad\quad | \\ CH_3-CH \quad\quad CH \\ \diagdown S \diagup \end{array} \xrightarrow{[H^{\oplus}]} \left[\begin{array}{c} \overset{\oplus}{O}H_2 \\ C_2H_5 \diagup\!\!\!\diagup S \diagdown \\ CH_3 \diagdown\!\!\!\diagdown S \diagup \end{array} \right] \xrightarrow{-H_2O} \begin{array}{c} C_2H_5 \diagup\!\!\!\diagup S \diagdown \\ CH_3 \diagdown\!\!\!\diagdown S \diagup \end{array} \quad (3.18)$$

<u>3.11a</u> <u>3.8a</u>

3.2 Strukturbeweise für das 2.3-Dihydro-5-methyl-6-äthyl-1.4-dithiin

3.21 Darstellung von 2.3-Dihydro-5-methyl-6-äthyl-1.4-dithiin auf Basis von 2-Brompentanon-(3) und 1.2-Dimercaptoäthan

In Analogie zu einer Synthese von 2.3-Dihydro-1.4-oxathiinen aus α-Halogenketonen und Thioglykol[53] einerseits und einer Darstellungsmethode für 5.6-Dihydro-4H-1.4-thiazine aus α-Halogenketonen und Cysteamin-natrium[54] andererseits gelang es, 2.3-Dihydro-5-methyl-6-äthyl-1.4-dithiin auf einem anderen, in der Literatur ebenfalls noch nicht beschriebenen Wege aus 2-Brompentanon-(3) und dem Mononatriumsalz des 1.2-Dimercaptoäthans darzustellen.

Auf diese Synthese für mono- und dialkylierte 2.3-Dihydro-1.4-dithiine, die derjenigen aus α-Mercaptoketonen und Äthylensulfid überlegen ist, soll noch ausführlicher eingegangen werden.

Durch Umsetzung von 2-Brompentanon-(3) mit 1.2-Dimercaptoäthan in Gegenwart äquimolarer Mengen Ätznatrons in alkoholischer Lösung wird bei Raumtemperatur das Linearprodukt <u>3.11a</u> in einer Ausbeute von 82% d.Th. erhalten.

$$\begin{array}{c} C_2H_5-C=O \\ | \\ CH_3-CH-Br \end{array} + \begin{array}{c} HS-CH_2 \\ | \\ NaS-CH_2 \end{array} \xrightarrow{-NaBr} \begin{array}{c} C_2H_5-C=O \;\; HS-CH_2 \\ | \quad\quad\quad | \\ CH_3-CH \quad\quad CH_2 \\ \diagdown S \diagup \end{array} \quad (3.19)$$

<u>3.11a</u>

Die Kondensation des Linearproduktes führt erwartungsgemäß zum
2.3-Dihydro-5-methyl-6-äthyl-1.4-dithiin.

Die Identität der nach zwei verschiedenen, neuartigen Methoden
dargestellten Verbindungen konnte durch Vergleich ihrer
IR-Spektren, ihrer Siedepunkte und ihrer Brechungsindices hin-
reichend sichergestellt werden.

3.22   IR-Spektrum

In der Literatur wird die Lage der C=C-Bande beim p-Dithien bei
1662 cm^{-1} angegeben[1]. Das IR-Spektrum des 2.3-Dihydro-5-methyl-
6-äthyl-1.4-dithiins zeigt die gleiche Bande, nur nach etwas
größeren Wellenlängen hin verschoben, bei 1600 cm^{-1}.

3.23   NMR-Spektrum

Das NMR-Spektrum des 2.3-Dihydro-5-methyl-6-äthyl-1.4-dithiins
weist bei 3.13 ppm ein einzelnes Signal auf, welches durch die
vier Protonen der beiden im Sechsring befindlichen Methylen-
gruppen hervorgerufen wird (Protonen a).

$$\begin{array}{c} (d) \quad (b) \\ CH_3 - CH_2 - C \overset{S}{\diagdown} CH_2 \quad (a) \\ \parallel \quad \mid \\ CH_3 - C \underset{S}{\diagdown} CH_2 \quad (a) \\ (c) \end{array}$$

Das in vier Einzelsignale aufgespaltene Signal bei 2.22 ppm ist
den beiden Protonen der zur Äthylgruppe gehörenden Methylengruppe
zuzuordnen (Protonen b).

Die drei Protonen der in 5-Stellung befindlichen Methylgruppe
(Protonen c) geben ein einzelnes Signal bei 1.88 ppm, die
Protonen der zur Äthylgruppe gehörenden Methylgruppe (Protonen d)
ein dreifach aufgespaltenes Signal bei 1,05 ppm.

In Übereinstimmung mit der erwarteten Struktur läßt sich anhand
des NMR-Spektrums das Verhältnis der verschiedenen Protonen wie
folgt angeben: a : b : c : d = 4 : 2 : 3 : 3.

3.3 Mono- und dialkylierte 2.3-Dihydro-1.4-dithiine aus
    α-Halogenketonen und 1.2-Dimercaptoäthan

Die von uns entwickelte Methode zur Darstellung mono- und
dialkylierter 2.3-Dihydro-1.4-dithiine, ausgehend von α-Mercaptoketonen und Äthylensulfid, wird durch die starke Polymerisationsneigung des Äthylensulfids und die damit verbundene Ausbeuteminderung in seiner Bedeutung erheblich eingeschränkt.

Wie bereits ausführlich berichtet, sind in den letzten Jahren
mehrere Verfahren zur Darstellung mono- und dialkylierter
2.3-Dihydro-1.4-dithiine auf Basis von α-Halogenketonen und
1.2-Dimercaptoäthan veröffentlicht worden.

Diese Verfahren unterscheiden sich jedoch bezüglich des Reaktionsverlaufes erheblich von der in dieser Arbeit entwickelten
zweistufigen Darstellungsmethode für mono- und dialkylierte
2.3-Dihydro-1.4-dithiine auf Basis von α-Halogenketonen und
1.2-Dimercaptoäthan, die bereits in Kap. 3.21 zur Vergleichssynthese für das 2.3-Dihydro-5-methyl-6-äthyl-1.4-dithiin herangezogen wurde.

Bei den einstufigen Verfahren zur Darstellung der 2.3-Dihydro-
1.4-dithiine[1,3,4], die durch Erhitzen von α-Halogenketonen
bzw. α-Halogenacetalen mit 1.2-Dimercaptoäthan in Gegenwart
von p-Toluolsulfonsäure durchgeführt werden, nimmt man, wie
erwähnt, die primäre Bildung eines Dithiolans an, welches sich
unter Halogenidabspaltung und Ringerweiterung zum Sechsring
umlagert.

Nach einem dreistufigen Verfahren von Parham, Heberling und
Wynberg[1], welches in der ersten Stufe der von uns entwickelten
Methode ähnlich ist, werden α-Halogenacetale bzw. -Ketale unter
Alkalihalogenidabspaltung mit 1.2-Dimercaptoäthan in Gegenwart
äquimolarer Mengen Alkalihydroxids umgesetzt. In der zweiten
Stufe erfolgt in Gegenwart von Säuren der Ringschluß zum 2-Äthoxy-
1.4-dithian, welches in der dritten Stufe mit Hilfe von Phosphor-
pentoxid in das p-Dithien übergeführt wird.

Die von uns entwickelte Synthese von 2.3-Dihydro-1.4-dithiinen
auf Basis von α-Halogenketonen und 1.2-Dimercaptoäthan wird in
zwei Stufen, wie folgt, durchgeführt:

Zunächst wird aus 1.2-Dimercaptoäthan und der äquimolaren Menge
Alkalihydroxid oder Natriummethylat in alkoholischer Lösung das
Mononatriumsalz des 1.2-Dimercaptoäthans dargestellt. Zu dieser
Lösung wird unter Rühren und Kühlen tropfenweise die äquimolare
Menge des betreffenden α-Halogenketons hinzugefügt. Nach Been-
digung der exothermen Reaktion und Aufarbeiten des Reaktionsge-
misches wird das so erhaltene Linearprodukt direkt der Kondensa-
tion unterworfen.

$$\begin{array}{c} R-C=O \\ | \\ R'-CH-X \end{array} + \begin{array}{c} HS-CH_2 \\ | \\ NaS-CH_2 \end{array} \xrightarrow{-NaX} \begin{array}{c} R-C=O \ HS-CH_2 \\ | \quad\quad\quad | \\ R'-CH\diagdown_S\diagup CH_2 \end{array}$$

(3.20)

$$\begin{array}{c} R-C=O \ HS-CH_2 \\ | \quad\quad\quad | \\ R'-CH\diagdown_S\diagup CH_2 \end{array} \xrightarrow{-H_2O} \begin{array}{c} R\diagdown\!\!\diagup^S\diagdown \\ R'\diagdown\!\!\diagup_S\diagup \end{array}$$

Diese Synthese mono- und dialkylierter 2.3-Dihydro-1.4-dithiine
ist derjenigen auf Basis von α-Mercaptoketonen und Äthylensulfid sowohl hinsichtlich des präparativen Aufwandes als auch bezüglich der Ausbeuten überlegen, zumal die meisten α-Mercaptoketone
allgemein über die α-Halogenketone dargestellt werden.

Die in Ausbeuten zwischen 72 und 85% d.Th. von uns dargestellten mono- und dialkylierten 2.3-Dihydro-1.4-dithiine sind in Tabelle 3.2 zusammengefaßt.

Tabelle 3.2   Mono- und dialkylierte 2.3-Dihydro-1.4-dithiine auf Basis von α-Halogenketonen und 1.2-Dimercaptoäthan

R_1	R_2	Ausbeute (% d.Th.)
$-C_2H_5$	$-CH_3$	76
$-CH_3$	$-CH_3$	81
$-C_6H_5$	$-CH_3$	85
$-(CH_2)_3-$		74
$-CH_3$	$-H$	79
$-C_6H_5$	$-H$	72
$-(CH_2)_4-$		81

Der Vorteil der Darstellung von 2.3-Dihydro-1.4-dithiinen aus α-Halogenketonen und 1.2-Dimercaptoäthan vor der Umsetzung von α-Mercaptoketonen mit Äthylensulfid geht aus Tabelle 3.3 hervor.

Tabelle 3.3 Vergleich der Ausbeuten der aus α-Mercaptoketonen und Äthylensulfid (Methode A) bzw. aus α-Halogenketonen und 1.2-Dimercaptoäthan (Methode B) dargestellten 2.3-Dihydro-1.4-dithiine

$$\begin{array}{c} R^1 \\ R^2 \end{array}\!\!\!\!\diagdown\!\!\!\!\begin{array}{c} -S \\ -S \end{array}\!\!\!\!\diagdown$$

R_1	R_2	Ausbeuten (% d.Th.) nach Methode	
		A	B
$-C_2H_5$	$-CH_3$	48	76
$-CH_3$	$-CH_3$	68	81
$-C_6H_5$	$-CH_3$	70	85
$-(CH_2)_3-$		72	74

3.4 2.3-Dihydro-1.4-dithiine aus α-Chloracetessigsäureäthylester und 1.2-Dimercaptoäthan

Durch Umsetzung von α-Chloracetessigester mit Thioglykol in Gegenwart von Alkalihydroxid und anschließende saure Kondensation des gebildeten Linearproduktes gelangt man zum 2.3-Dihydro-5-carbäthoxy-6-methyl-1.4-oxathiin. Über die Stufe des Säurechlorids lassen sich durch Umsetzung mit beliebigen primären und sekundären Aminen die technisch wichtigen 2.3-Dihydro-5-carboxamido-6-methyl-p-oxathiine, die in dieser Arbeit bereits mehrmals erwähnt wurden, in guten Ausbeuten darstellen[55].

Die analoge Umsetzung von α-Chloracetessigester mit 1.2-Dimercaptoäthan wurde bisher noch nicht beschrieben. Hierbei sollte es in zwei Stufen zur Bildung des 2.3-Dihydro-5-carbäthoxy-6-methyl-1.4-dithiins (3.12) kommen:

$$C_2H_5OOC-CH-Cl \atop CH_3-C=O \quad + \quad {NaS-CH_2 \atop HS-CH_2} \quad \xrightarrow{-NaCl} \quad C_2H_5OOC-CH\underset{O\ HS}{\overset{S}{\diagup}\!\!\diagdown}CH_2 \atop CH_3-CCH_2$$

$$\downarrow -H_2O \qquad (3.21)$$

$$C_2H_5OOC\underset{CH_3}{\diagup}\!\!\diagdown\!\underset{S}{\overset{S}{\square}}$$

3.12

Zur Darstellung von (3.12) wurde auf das Verfahren zur Herstellung der 2.3-Dihydro-5-carboxamido-6-methyl-1.4-oxathiine zurückgegriffen, das sich hauptsächlich durch die Auswahl des Lösungsmittels (Benzol statt Methanol) von dem eigenen Verfahren unterscheidet.

(3.12) konnte so in einer Ausbeute von 65% d.Th. als schwach gelbe Flüssigkeit erhalten werden. Durch Verseifung mit Hilfe einer wäßrig-äthanolischen Lösung von Kaliumhydroxid konnte daraus das 2.3-Dihydro-5-carboxy-6-methyl-1.4-dithiin (3.13) glatt dargestellt werden:

$$\underset{S}{\overset{S}{\square}}\!\!\diagup\!\!\underset{CH_3}{\overset{COOC_2H_5}{}} \quad \xrightarrow{KOH} \quad \underset{S}{\overset{S}{\square}}\!\!\diagup\!\!\underset{CH_3}{\overset{COOH}{}} \qquad (3.22)$$

3.13

(3.13) wird nach Umkristallisieren aus Äthanol in einer Ausbeute von 75% d.Th. in Form farbloser, langer Nadeln vom Schmelzpunkt 172-174 °C erhalten.

Zur Darstellung des 2.3-Dihydro-5-carboxanilido-6-methyl-1.4-dithiins (3.14) wird 3.13 zunächst mit Hilfe von Thionylchlorid in das Säurechlorid übergeführt. Anschließend wird das rohe Säurechlorid mit der zweifach molaren Menge an Anilin in absolutem Benzol zu <u>3.14</u> umgesetzt.

$$\underset{S}{\overset{S}{\Box}}\underset{CH_3}{\overset{-COOH}{}} \xrightarrow{SOCl_2} \underset{S}{\overset{S}{\Box}}\underset{CH_3}{\overset{-COCl}{}} \xrightarrow[-HCl]{2\,C_6H_5NH_2} \underset{S}{\overset{S}{\Box}}\underset{CH_3}{\overset{-CONHC_6H_5}{}} \quad (3.23)$$
<u>3.14</u>

Hierbei wird der abgespaltene Chlorwasserstoff durch das überschüssige Anilin in Form von Anilinhydrochlorid gebunden, welches in Benzol schwer löslich ist und leicht abgetrennt werden kann.

Nach dem Umkristallisieren aus Äthanol wird das 2.3-Dihydro-5-carboxanilido-6-methyl-1.4-dithiin in Form feiner Nadeln vom Schmelzpunkt 102-104 °C in einer Ausbeute von 78% d.Th. erhalten.

Als weiteres Amin wurde das bereits von C. Dudeck[56] mit Säurechloriden umgesetzte 2-Methyl-3-äthylthiomorpholin in die Reaktion eingesetzt.
Das gewünschte 2.3-Dihydro-5-carbox-2-methyl-3-äthylthiomorpholido-6-methyl-1.4-dithiin konnte jedoch nicht aus dem Reaktionsgemisch in reiner Form erhalten werden.

3.5 Literatur zu Kapitel 3

1) Parham, W.E., J. Heberling und H. Wynberg,
   J.Amer.Chem.Soc. $\underline{77}$ 1169(1955)
2) Schneider, H.J. und J.J. Bagnell, J.Org.Chem. $\underline{26}$,3009(1961)
3) US-Pat.3.439.051(15.4.1969), Dow Chemical Co.(Erf.Leoine,L.)
4) Rubinstein, H. und M. Wuerthele, J.Org.Chem. $\underline{34}$,2762(1969)
5) D.R.P. 636.708(1934), J.G. Farben (Erf.Dachlauer, K. und L. Jackel), C.A. $\underline{30}$, 7122(1936)
6) Sander, M., Chem.Review $\underline{66}$, 297(1966)
7) Bordwell, F.G. und H.M Andesen, J.Amer.Chem.Soc. $\underline{75}$,4959(1953)
8) Culoemor, C.C.J., W. Davies und W.E. Savige, J.Chem.Soc. (London) $\underline{1952}$, 4480
9) Ettlinger, M.G., J.Amer.Chem.Soc., $\underline{72}$, 4792(1950)
10) Adams, E.P. et al, J.Chem.Soc.(London) $\underline{1960}$, 2665
11) Ketcham, R. und V.P. Shak, J.Org.Chem. $\underline{28}$, 229 (1963)
12) Price, C.C. und P.F. Kirk, J.Amer.Chem.Soc. $\underline{75}$, 2396(1953)
13) Sergeev, P.G. und B.S. Kolyder, Z.obsc.Chim., $\underline{7}$, 2600(1937) e.A. $\underline{32}$, 2534(1938)
14) Wagner-Tauregg, T., Liebigs.Ann.Chem. $\underline{561}$,87(1949)
15) Searles, S., R.H. Hays und E.F. Lutz, J.Org.Chem. $\underline{27}$,2832(1962)
16) Franz.Pat. 1.307.385(1962), Societé Nationale des Petrols d'Aquitaine, C.A. $\underline{58}$, 9027(1963)
17) Reynolds, D.D., J.Amer.Chem.Soc. $\underline{79}$,4951(1957)
18) US-Pat.2.828.318 (25.3.1958), Eastman Kodak Co.(Erf.Reynolds, D.D.)
19) Reynolds, D.D., D.L. Fields und D.L. Johnson, J.Org.Chem. $\underline{26}$, 5130,(1961)
20) US-Pat. 3.072.676 (8.1.1963),Eastman Kodak Co.(Erf.Johnson D.L. und D.L. Fields), C.A. $\underline{58}$, 12426(1963)
21) Strausz, O.P. und H.E. Guming, J.Amer.Chem.Soc. $\underline{84}$, 4080(1962)
22) Lown, E.M., E.L. Dedio, O.P. Strausz und H.E. Guming, J.Amer.Chem.Soc., $\underline{89}$, 1056(1967)
23) Wiebs, H.A., A.R. Knight, O.P. Strausz und H.E. Guming, J.Amer.Chem.Soc., $\underline{87}$,1443(1965)

24) Guming, H.E. und O.P. Strausz, Advances Photochem. 4 143(1966)
25) Schmidt, U. und Ch. Osterroth, Angew.Chem. 77,455(1965)
26) Delepine, M. und S. Eschenbrenner, Bull.Soc.Chim.France 33, 703(1923)
27) Delepine, M., Compt.Rend. 171, 36(1920)
28) Braz, G.Z., Z. obsc.Chim. 21, 688(1951), C.A.45,9473 (1951)
29) Boileau, S. und P. Sigwalt, Compt.Rend. 252, 882(1961)
30) Boileau, S., J. Raynal und P. Sigwalt, Compt.Rend. 254, 2774(1962)
31) Okta, M., A. Kondo und R. Oki, Nippon Kagaku Zasski, 75, 985(1954), D.A. 51, 14668(1957)
32) Meade, E.M. und F.N. Woodward, J.Chem.Soc.(London) 1948, 1894
33) Culvenor, C.C.J., W. Davies und N.S. Heath, J.Chem.Soc.(London) 1949, 282
34) Davies, W. und W.E. Savige, J.Chem.Soc.(London) 1950, 317
35) Davies, W. und W.E. Savige, J.Chem.Soc.(London) 1954, 774
36) Helmkamp, G.K. und N. Schnautz, Tetrahedron 2, 304(1958)
37) Snyder, H.R., J.M. Stewart und J.B. Ziegler, J.Amer.Chem. Soc. 69, 2675(1947)
38) US-Pat. 2.497.422(1950),(Erf.Snyder, H.R. und J.M. Stewart) C.A. 44, 4025 (1950)
39) Sander, M., Mh.Chem. 96, 896(1965)
40) Moore, C.G. und M. Porter, J.Chem.Soc.(London)1958, 2062
41) D.R.P. 631.016 (1936),(Erf.Reppe,W. und F. Nicolai)
42) Snyder, H.R., J.M. Stewart und J.B. Ziegler, J.Amer.Chem.Soc. 69,2672(1947)
43) Snyder, H.R. und W. Alexander, J.Amer.Chem.Soc. 70,217(1948)
44) Isaacs, N.S., Ca.J.Chem. 44,395(1966)
45) Turk, S.D., R.P. Louthan, R.L.Cobb und C.R. Bresson, J.Org.Chem. 29,974(1964)
46) Bernstein, S. und L. Dorfmann J.Amer.Chem.Soc. 68,1152(1946)
47) Rosenkranz, G., S. Kaufmann und J. Romo, J.Amer.Chem.Soc. 71, 3689(1949)

48) Kendall, J.D. und F.P. Doyle, Birt.Pat. 595.783(1947)
    C.A. 42,4764(1948)
49) Campaigne, E. und R.D. Moss, J.Amer.Chem.Soc. 76,1269(1954)
50) Campaigne, E. und J.R. Leal, J.Amer.Chem.Soc. 761272(1954)
51) Lapporte, S.J., Unveröffentlichter Vortrag, UCLA (1956)
52) Campaigne, E. in N. Kharasch: Organic Sulfur Compounds,
    Bd.1, S. 134, Pergamon Press, 1961
53) Marshall, J.R. und H.A. Stevenson, J.Chem.Soc.(London)
    1959, 2360
    s.auch: Kap.2,Lit.[11]
54) Asinger, F., F.J. Schmitz und S. Reichel, Liebigs Ann.Chem.
    652, 50-67(1962) (vgl.F.J. Schmitz, Dissertation TH Aachen,1961)
    s.auch: Müller, P., Dissert. TH Aachen 1968
55) US-Pat. 3.249.499 (3.5.1966), Uniroyal Inc.(Erf.:Schmeling,B.,
    M. Kulka, D.S. Thiara und W.H. Harrison); C.A. 65, 7190(1966)
56) Dudeck, D., Dissert. TH Aachen, 1969

4. Thiomorpholinsynthesen und Reaktionsverhalten unsubstituierter Thiomorpholin-1.1-dioxide

4.1 Einleitung

Thiomorpholin sowie dessen N-Alkyl- wie auch C-Alkyl-Derivate besitzen technisches Interesse. So finden das Thiomorpholin und seine Folgeprodukte als Pharmazeutika[1-6], Vulkanisationsbeschleuniger[7,8], antikorrosive Schmierstoffadditive[9], Insektizide[10], Detergentien[11], Farb- und Bleichstoffe[12-15] u.a. technische Verwendung.

Der industriellen Verwertung der Thiomorpholine steht ihre schlechte Zugänglichkeit im Wege. Entweder ist die Darstellung der Ausgangsverbindungen sehr aufwendig, oder die Synthesen verlaufen mit schlechten Ausbeuten.

Die bekannten Synthese für den Grundkörper[16-21] sind aus verschiedenen Gründen für eine technische Durchführung wenig geeignet. Es werden deshalb immer wieder Anstrengungen unternommen, bekannte Synthesen zu verbessern[22] oder neue, bessere Synthesen zu entwickeln. Auch die N- und C-alkylierten Thiomorpholine[18,23-25] sind meist nur schwierig zugänglich, und die bekannten Synthesen liefern meist unbefriedigende Ausbeuten.

In der Literatur finden sich zahlreich Arbeiten über die Synthesemöglichkeiten von Thiomorpholinen. Dabei nehmen sowohl die Synthesen des Grundkörpers als auch diejenigen der N- und C-substituierten Derivate breiten Raum ein. Nur wenige der bekannten Synthesen sind aber geeignet, im großtechnischen Maßstab angewandt zu werden, weil die Ausbeuten zum Teil sehr gering oder die Ausgangssubstanzen schwer zugänglich sind.

Zwei Möglichkeiten sind in der Literatur am häufigsten genannt, um zum Thiomorpholin oder seinen Derivaten zu gelangen. Zum einen geht man von ß.ß'-bifunktionellen Aminen[20,22-24] aus, die cyclisiert werden und zum anderen von bifunktionellen Sulfiden[17,23], wie z.B. Senfgas.

So erhielten Idson und Spoerri[23] durch Umsetzung von ß.ß'-Dihalogenalkylaminen mit Natriumsulfid Thiomorpholin bzw. seine C- und N-Alkylderivate. Harman und Vaughan[24] setzten Diallylamin mit Schwefelwasserstoff zu 2.6-Dimethylthiomorpholin um.

$$
\begin{array}{c}
R-N\begin{array}{l}CH(R)-CH(R)-X\\CH(R)-CH(R)-X\end{array} \xrightarrow{Na_2S,\ -2NaX} \\
\\
S\begin{array}{l}CH(R)-CH(R)-X\\CH(R)-CH(R)-X\end{array} \xrightarrow{NH_2R,\ -2HX}
\end{array}
\longrightarrow \underset{\underline{4.1}}{\text{Thiomorpholin}} \quad (4.1)
$$

R = H, Alkyl
X = OH, Halogen

W. Davies[17] erhielt das Thiomorpholin durch Umsetzung von ß.ß'-Dichloräthylsulfid (Senfgas) mit Ammoniak im Autoklaven.

Die wohl älteste Thiomorpholinsynthese wird von Langlet[16] beschrieben, der Dibromäthan mit 1-Mercapto-2-amino-äthan (Cysteamin) umsetzte. Ausgehend von den einfachen Ausgangsverbindungen, wie Äthylenoxid, Schwefelwasserstoff und Äthylenimin, entwickelte P. Rasche[38,39] eine Synthese, die mit guten Ausbeuten zum Thiomorpholin führt.

In die Klasse der Thiomorpholinderivate mit funktionellen Gruppen gelangt man durch Einsetzen von Aminosäuren in die Synthese mit Senfgas[40]. Zu 2.2-Dimethyl-3-carboxy-5-oxo-thiomorpholin gelangte K. Moraw[41] durch Reaktion von Penicillamin mit Chloressigsäureester. Durch Umsetzung von Mercaptoessigsäureäthylester mit Äthylenimin stellte P. Hermann[42] Thiomorpholinon-3 dar, eine Verbindung, die schon Sommers und Horrom[18] mit Lithiumaluminiumhydrid zum Thiomorpholin reduziert hatten.

Der Weg, über die Hydrierung zu Thiomorpholinen zu gelangen, wurde von Fuji[25] am Beispiel des 3.5-Diphenyl-1.4-thiazins gezeigt.

Eine einfache Darstellung C-alkylierter Thiomorpholine ist, wie wir fanden, über die Hydrierung von 5.6-Dihydro-4H-1.4-dithiazinen möglich[26], die in guten Ausbeuten und auf einfachem Weg zugänglich sind.

4.2 Hydrierung von 5.6-Dihydro-4H-1.4-thiazinen mit Natriumborhydrid

Enamine und Azomethine lassen sich mit Natriumborhydrid[43] hydrieren. Diese Reduktionsmethode ließ sich mit Erfolg auf die 5.6-Dihydro-4H-1.4-thiazine übertragen[27].

Bei der Hydrierung bildet sich ein Thiomorpholin-cis-trans-Isomerengemisch[44], weil die beiden Substituenten in cis- oder trans-Stellung zueinander stehen können und somit die Bildung von Stereoisomeren[45] möglich ist. In 2.3-disubstituierten Thiomorpholinen sind vier geometrische Isomere aufgrund der verschiedenen Anordnung am Sechsring möglich:

Die beiden cis- oder trans-Formen sind wegen der freien Drehbarkeit um die C-C-Bindungen bei Raumtemperatur nicht voneinander zu unterscheiden.

4.21 Hydrierung von 5.6-Dihydro-4H-1.4-thiazinen mit Ameisensäure

Mit Ameisensäure lassen sich die 5.6-Dihydro-4H-1.4-thiazine, die in der Enaminform vorliegen, zu den entsprechenden Thiomorpholinen hydrieren[39,46,47]. Bei Verwendung stöchiometrischer Mengen an Ameisensäure erhält man ein Gemisch aus unumgesetztem Thiazin, dem entsprechenden Thiomorpholin und dessen N-Formylprodukt.

Es erwies sich als vorteilhaft, mit einem Überschuß an Ameisensäure bei 130-140°C zu hydrieren, wobei quantitativ das N-Formyl-thiomorpholin erhalten wird, welches mit verdünnter Salzsäure leicht und vollständig zum Thiomorpholin verseift werden kann.

$$R\underset{R'}{\overset{H}{\diagdown}}\!\!\left[\begin{array}{c}N\\S\end{array}\right] \xrightarrow[130-140°C]{HCOOH} R\underset{R'}{\overset{HC=O}{\diagdown}}\!\!\left[\begin{array}{c}N\\S\end{array}\right] \xrightarrow[110°C]{verd.\,HCl} R\underset{R'}{\overset{H}{\diagdown}}\!\!\left[\begin{array}{c}N\\S\end{array}\right] \qquad (4.2)$$

Bei der gaschromatographischen Untersuchung der so hergestellten Thiomorpholine stellte K.H. Lim[29] das Auftreten eines Doppelpeaks fest, der auf das Vorliegen der beiden vorher beschriebenen Isomeren zurückgeführt wurde.

Eine destillative Trennung des Isomerengemisches gelang als erstem J. Hartig [48] am Beispiel des 2-Methyl-3-äthyl-thiomorpholins.

4.3 Synthesen für Äthylenimin

Äthylenimin wurde erstmals von S. Gabriel[49] im Jahre 1888 beschrieben. Er stellte diese stark toxische Verbindung aus 1-Amino-2-brom-äthan-hydrobromid mit Silberoxid in wäßriger Lösung her.

Die Darstellung von Äthylenimin aus 2-Halogenäthylamin-hydrohalogeniden in wäßriger, alkalischer Lösung[49-56] ist eine Möglichkeit, die auch großtechnisch angewandt wird und Ausbeuten bis zu 70 % liefert. Die Ausgangsverbindungen sind leicht aus Äthanolamin und Bromwasserstoff oder Thionylchlorid zugänglich.

$$X-CH_2-CH_2-NH \cdot HX \xrightarrow[-2HX]{NaOH} \underset{H}{\triangle N} \qquad (4.3)$$

X = Halogen

Eine andere Methode zur Darstellung von Äthylenimin entwickelte
H. Wenker[57], der von Äthanolaminschwefelsäureester ausging,
und diesen in wäßriger Natronlauge zum Aziridin cyclisierte.
Diese Methode wurde weiterentwickelt und die Ausbeuten von
26 % auf 91 % gesteigert[58-65].

Zu diesen beiden klassischen Verfahren wurden in den letzten
zwanzig Jahren drei neue Synthesemöglichkeiten entwickelt, die
nicht vom Äthanolamin als Grundsubstanz ausgehen.

Das erste neue Verfahren geht von Dichloräthan aus, das in Gegenwart geeigneter Katalysatoren mit Ammoniak zum Äthylenimin
umgesetzt wird[66-72]. Es werden Ausbeuten zwischen 28 und 64 %
angegeben.

Die zweite Synthese benutzt Vinylchlorid als Einsatzmaterial[73,74]
Durch katalytische Reaktion mit Ammoniak wird das Vinylchlorid
mit 70-75 % Ausbeute zum Äthylenimin umgesetzt.

Das neueste Verfahren zur Darstellung von Aziridin wurde von
russischen Forschern entwickelt. Sie versuchten im bereits
vorgebildeten Dreiring des Äthylenoxids das Sauerstoffatom
über Katalysatoren mit Ammoniak gegen das Stickstoffatom auszutauschen[75-77]. Sie erzielten Ausbeuten zwischen 3 und 16 %.

Die von uns[26-31] entwickelte billige und leistungsfähige Synthese, die einen einfachen Weg in die Stoffklasse der Thiomorpholine öffnet und durchaus technisches Interesse besitzen dürfte, ist durch die Einschränkung der Produktion des hoch toxischen Äthylenimins und durch die strengen Vorschriften für seinen Transport beeinträchtigt.

4.4 5.6-Dihydro-4H-1.4-thiazine und Thiomorpholine

4.41 Thiomorpholine auf Basis von Mercaptoketonen und Aziridinen

Entsprechend der allgemeinen Reaktion (Gl. 1.1) reagieren α-Mercaptoketone auch mit Aziridinen an Stelle von Epoxiden bzw. Episulfiden unter Ringschluß.

Diese Reaktion führt in meist ausgezeichneten Ausbeuten direkt zur Bildung von 5.6-Dihydro-4H-1.4-thiazinen (Gl.4.4).

$$\begin{array}{c} R-C=O \\ | \\ R^1-CH-SH \end{array} + \begin{array}{c} \diagdown N \diagup -R^2 \\ | \\ H \end{array} \xrightarrow{-H_2O} R^1 \underset{S}{\overset{R}{\diagup}} \underset{}{\overset{N-H}{\diagdown}} R^2 \qquad (4.4)$$

$$\underline{4.2}$$

Die bei der Umsetzung der α-Mercaptoketone mit Äthyleniminen intermediär gebildeten Aminoäthylthioäther spalten momentan unter Cyclisierung Wasser ab und gehen in 5.6-Dihydro-4H-1.4-thiazine über.

In einer Vergleichssynthese aus α-Halogenketonen und Cysteaminnatrium lassen sich die 5.6-Dihydro-4H-1.4-thiazine ebenfalls darstellen[30] (Gl.4.5).

$$\begin{array}{c} R-C=O \\ | \\ R^1-CH-X \end{array} + \begin{array}{c} H_2N-CH_2 \\ | \\ NaS-CH_2 \end{array} \xrightarrow[-H_2O]{-NaX} R^1 \underset{S}{\overset{R}{\diagup}} \underset{}{\overset{N-H}{\diagdown}} \qquad (4.5)$$

Die auf diesem, meist glatt verlaufenden Weg von uns hergestellten 5.6-Dihydro-4H-1.4-thiazine sind in Tabelle 4.1 aufgeführt.

Tabelle 4.1 : 5.6-Dihydro-4H-1.4-thiazine aus α-Mercaptoketonen und Aziridinen

α-Mercaptoketone	Aziridin	...5.6-dihydro-4H-1.4-thiazin	Ausb. %
2-Mercaptopentanon-(3)	Äthylenimin	2-Methyl-3-äthyl-	95
1-Mercapto-3-methyl-butanon-(2)	Äthylenimin	3-Isopropyl	90
α-Mercapto-cyclohexanon	Äthylenimin	2.3-Tetramethyl-	8
3-Mercapto-heptanon-(4)	Äthylenimin	2-Äthyl-3-n-propyl-	91
3-Mercapto-4-methyl-pentanon-(2)	Äthylenimin	2-Isopropyl-3-methyl-	81
2.6-Dimethyl-3-mercapto-heptanon-(4)	Äthylenimin	2-Isopropyl-3-isobutyl-	95
2-Mercapto-pentanon-(3)	Propylenimin	2.5-Dimethyl-3-äthyl-	93
2-Mercapto-butanon-(3)	Propylenimin	2.3.5-Trimethyl-	94

Durch Umsetzung des tertiären 2-Mercapto-2-methyl-butanon-3 mit
Aziridinen erhält man 5.6-Dihydro-2H-1.4-thiazine, die wesentlich stabiler sind als die sauerstoffempfindlichen 4H-1.4-Thia-
zine (Gl.4.6).

$$CH_3-C=O \atop CH_3-\underset{CH_3}{\overset{|}{C}}-SH \quad + \quad \underset{H}{\overset{}{\diagdown N \diagup}}-R \quad \xrightarrow{-H_2O} \quad CH_3 \overset{N}{\underset{S}{\diagdown}}-R \atop CH_3 \quad \underline{4.3} \qquad (4.6)$$

mit: R = H, Ausb. an <u>4.3a</u> = 86 %

R = CH$_3$, Ausb. an <u>4.3b</u> = 95 %

Die 2H- und 4H-1.4-Thiazine lassen sich gleichermaßen gut mit
Ameisensäure zu Thiomorpholinen reduzieren, die bisher nur sehr
schwierig und aufwendig darzustellen waren. Als Hydrierungsagens
eignet sich auch Natriumboranat[28].

Die Allgemeingültigkeit dieser Reduktionsmethode zur Darstellung
von Thiomorpholinen aus 5.6-Dihydro-1.4-thiazinen zeigt Tabelle
4.2.

Tabelle 4.2   Thiomorpholine durch Reduktion von 5.6-Dihydro-
1.4-thiazinen mit Ameisensäure

...-thiomorpholin	Ausbeute % d. Th.	Sdp. °C/Torr
2-Methyl-3-äthyl-	59	49-51/0.4
2.5-Dimethyl-3-äthyl-	58	38/0.44
2.3.5-Trimethyl-	57	45-46/1.8
2.2.3.5-Tetramethyl-	58	42/1.25
2-Äthyl-3-n-propyl-	44	48-49/0.04
2-Isopropyl-3-methyl-	26	46-47/0.07

4.42 Thiomorpholine auf Basis von Ketonen bzw. Aldehyden, Schwefel und Äthylenimin

Wir konnten bereits am Beispiel der Umsetzung von Pentanon-(3) mit elementarem Schwefel und Äthylenimin zeigen, daß eine schnelle Direktsynthese für 2.3-disubstituierte 5.6-Dihydro-4H-1.4-thiazine möglich ist[28] (Gl.4.7). Diese einfache Dreikomponentenreaktion läßt sich auch auf andere Ketone übertragen. Neben den in guten Ausbeuten erhältlichen Thiazinen entstehen im untergeordneten Maße 2.2-disubstituierte Thiazolidine[28,29,31] (4.4) (s.Tab.4.3).

$$R-C=O \atop R^1-CH_2 \;\; + S + \; \underset{H}{\boxed{N}} \;\; \longrightarrow \;\; R^1 \!\!\! \underset{S}{\overset{R}{\boxed{}}} \!\!\! \overset{H}{\underset{}{N}} \;\; + \;\; \underset{S}{\boxed{}} \!\!\! \underset{CH_2-R^1}{\overset{NH}{\underset{}{}R}} \qquad (4.7)$$

$$\underline{4.4}$$

Die Umsetzung der auf diese Weise dargestelllten 5.6-Dihydro.1.4-thiazine mit überschüssiger Ameisensäure und die Verseifung der dabei entstehenden N-Formylthiomorpholine verläuft glatt zu den betreffenden Thiomorpholinen (Gl.4.2).
Diese Thiomorpholinsynthese läßt sich noch vereinfachen, wobei sich die Isolierung der Thiazine bzw. N-Formyl-thiomorpholine erübrigt; beispielsweise läßt sich 2-Methyl-3-äthyl-thiomorpholin praktisch im Eintopfverfahren in 50-proz. Ausbeute, bezogen auf eingesetztes Pentanon-(3) (Diäthylketon), darstellen.

Die durch Umsetzung mit Ameisensäure aus 5.6-Dihydro-1.4-thiazinen erhaltenen N-Formylthiomorpholine bzw. die daraus durch Verseifung entstandenen Thiomorpholine sind in Tabelle 4.4 zusammengestellt.

Tabelle 4.3: 5.6-Dihydro-4H-1.4-thiazine und Thiazolidine durch Umsetzung von symmetrischen Ketonen mit Äthylenimin und Schwefel

Keton	..5.6-dihydro-4H-1.4-thiazin	Ausb. %	..thiazolidin	Ausb. %
Pentanon-(3)	2-Methyl-3-äthyl.	74	2.2-Diäthyl-	-
Heptanon-(4)	2-Äthyl-3-n-propyl-	60	2.2-Di-n-propyl-	10
Cyclopentanon	2.3-Trimethylen-	62	2.2-Tetramethylen-	14
Cyclohexanon	2.3-Tetramethylen-	57	2.2-Pentamethylen-	23
Cyclooctanon	2.3-Hexamethylen-	94	2.2-Heptamethylen-	-
Pentadecanon-(8)	2-Hexyl-3-heptyl-	63	2.2-Diheptyl-	12
Undecanon-(6)	2-Butyl-3-pentyl-	59	2.2-Dipentyl-	15
Tridecanon-(7)	2-Pentyl-3-hexyl-	61	2.2-Dihexyl-	13
Heptadecanon-(9)	2-Heptyl-3-octyl-	55	2.2-Dioctyl-	16

Tabelle 4.4: Umsetzung von 5.6-Dihydro-1.4-thiazinen mit Ameisensäuren zu N-Formyl-thiomorpholinen und deren Verseifung mit 3n-HCl zu Thiomorpholinen

eingesetztes ...5.6-Dihydro-1.4-thiazin	...-N-formyl-thiomorpholin Ausb. %	...thiomorpholin Ausb.[a] %
2-Methyl-3-äthyl-	84	79
2-Äthyl-3-n-propyl-	63	81
2.3-Trimethylen-	-	20[b]
2.3-Tetramethylen-	73	81
2.2-Dimethyl-3-phenyl-	92	94
2-Butyl-3-pentyl-	-	70[b]
2-Pentyl-3-hexyl-	-	71[b]

a) bez. auf eingesetztes N-Formylthiomorpholin
b) bez. auf eingesetztes Dihydro-thiazin; Hydrierung verläuft unübersichtlich

Es ist einleuchtend, daß diese neuartige Thiomorpholinsynthese zu strukturisomeren Thiomorpholinen führt, wenn man von unsymmetrischen Ketonen ausgeht, bei denen der Schwefel an beiden zur Ketogruppe nachbarständigen Kohlenstoffatomen angreifen kann (Gl.4.8).

(4.8)

R^1	R^2	R^3
H	CH_3	H
CH_3	CH_3	H
CH_3	CH_3	CH_3

So entstehen bei der gemeinsamen Einwirkung von Schwefel und Äthylenimin auf Methyläthylketon, Methylisopropylketon oder Äthylisopropylketon die entsprechenden strukturisomeren 5.6-Dihydro-1.4-thiazine. Daneben erhält man Thiazolidine. Diese werden aber zerstört, wenn man das Produktgemisch in die betreffenden Thiomorpholine umwandelt.

Wendet man die Direktsynthese der 5.6-Dihydro-1.4-thiazine gemäß Gleichung 4.7 auf Aldehyde an Stelle von Ketonen an, erhält man die 2-substituierten 5.6-Dihydro-1.4-thiazine nur in geringen Ausbeuten; dagegen ist die Bildung der 2-substituierten

Tabelle 4.5: 2-Alkyl-5.6-dihydro-4H-1.4-thiazine und 2-Alkyl-thiazolidine durch Umsetzung von Aldehyden mit Äthylenimin und Schwefel

Aldehyd	...5.6-dihydro-4H-1.4-thiazin	Ausb. %	...thiazolidin	Ausb. %
Acetaldehyd	-	0	2-Methyl-	20
Propionaldehyd	2-Methyl-	13	2-Äthyl-	10
n-Butyraldehyd	2-Äthyl-	16	2-n-Propyl-	23
n-Valeraldehyd	2-n-Propyl-	14	2-n-Butyl-	45

Thiazolidine begünstigt (s.Gl.4.9):

$$\underset{R-CH_2}{\overset{CH=O}{|}} + S + \underset{H}{\overset{}{\boxed{N}}} \longrightarrow R\boxed{\overset{N}{\underset{S}{}}} + \boxed{\underset{S}{\overset{NH}{}}}R \quad (4.9)$$

Die von uns auf diesem Wege aus Aldehyden dargestellten 5.6-Dihydro-1.4-thiazine bzw. Thiazolidine enthält Tabelle 4.5

4.5   Selenomorpholine auf Basis von Ketonen, Äthylenimin und Selen[32)]

Eine besondere Überraschung bietet die Tatsache, daß an Stelle von elementarem Schwefel auch elementares Selen die gemäß Gleichung 4.7 analoge Reaktion eingeht. Man erhält 5.6-Dihydro-4H-1.4-selenazine (4.5), die mit Ameisensäure zu den entsprechenden Selenomorpholinen (4.6) hydriert werden können, wie wir erstmals am Beispiel des Diäthylketons feststellten (Gl.4.10).

$$\underset{CH_3-CH_2}{\overset{C_2H_5-C=O}{|}} + Se + \boxed{\underset{H}{N}} \longrightarrow \underset{CH_3}{\overset{C_2H_5}{\boxed{\underset{Se}{\overset{N}{}}}}} \longrightarrow \underset{CH_3}{\overset{C_2H_5}{\boxed{\underset{Se}{\overset{H}{N}}}}} \quad (4.10)$$

$$\underline{4.5} \qquad \underline{4.6}$$

4.6   Thiomorpholinsynthesen ohne Anwendung von Aziridinen

Der elegante Weg zur Synthese von Thiomorpholinen auf der Basis von Äthylenimin erfährt durch die Tatsache, daß Äthylenimin hochtoxisch ist, eine empfindliche Einschränkung.

Aus diesem Grunde beschritten wir neue Wege zur Herstellung des wichtigen Thiomorpholinsystems. Ein erster Ansatzpunkt hierzu ist in der Verwendung des nicht toxischen ß-Aminochloräthans zu sehen, das gleichzeitig die Vorstufe zur Herstellung von Äthylen-

imin ist; würde die Synthese von Thiomorpholinen mittels des
ß-Aminochloräthans gelingen, könnte man folglich auf die Stufe
der Äthyleniminherstellung völlig verzichten.

Folgende Reaktionswege sind denkbar:

a) Thiomorpholine aus α-Halogenketonen und Cysteaminnatrium.

Durch Umsetzung von α-Halogenketonen mit 1-Mercapto-2-amino-Verbindungen[34-36], speziell mit Cysteamin-Natrium[26], bietet sich
eine bereits angegebene Möglichkeit, 5.6-Dihydro-4H-1.4-thiazine
und daraus durch Reduktion Thiomorpholine darzustellen (vgl.Gl.4.5).

Diese Synthesemethode ist wegen ihres eindeutigen Verlaufs auch
als Vergleichssynthese für die nach einem der anderen Verfahren
dargestellten Verbindungen geeignet. Nach dieser Methode lassen
sich auch 2-monoalkylierte 5.6-Dihydro-4H-1.4-thiazine darstellen[21], die sonst nur umständlich zu erhalten sind, weil die sehr
instabilen α-Mercaptoaldehyde nicht durch saure Hydrolyse von
Thiazolinen-3 erhalten werden können, sondern nur über die α-Halogenaldehyde durch Umsetzung mit Natriumhydrogensulfid[37].

Dieser Reaktionsweg ist auch deshalb interessant, weil damit eine
Möglichkeit zur Darstellung von Cysteamin gegeben wäre, das bisher
aus Äthylenimin und Schwefelwasserstoff hergestellt wird[33].

Durch Kondensation von α-Chloraldehyden mit Cysteaminnatrium erhält man 2-Alkyl-5.6-Dihydro-4H-1.4-thiazine als alleinige Reaktionsprodukte[30].

$$\begin{array}{c} CH=O \\ | \\ R-CH-Cl \end{array} + \begin{array}{c} H_2N-CH_2 \\ | \\ NaS-CH_2 \end{array} \xrightarrow[-H_2O]{-NaCl} \begin{array}{c} H \\ \diagup N \diagdown \\ CH CH_2 \\ \| | \\ R-C\diagdown_S\diagup CH_2 \end{array} \quad (4.11)$$

R = CH_3; Ausbeute 23 %
R = C_2H_5; Ausbeute 37 %

Diese Reaktion ist in Analogie zu der früher von uns beschriebenen Umsetzung von α-Halogenketonen mit Cysteaminnatrium zu 2.3-dialkylierten 5.6-Dihydro-1.4-thiazinen zu sehen[26].

Der oben angegebene Weg zur Herstellung 2-monoalkylierter Dihydrothiazine ist der Direktsynthese aus Aldehyden, Äthylenimin und Schwefel vorzuziehen, einerseits weil bessere Ausbeuten erzielt werden, andererseits, weil eine destillative Abtrennung von dem nur wenig niedriger siedenden Thiazolidin entfällt. Nach den IR-Spektren liegen die erhaltenen Verbindungen in der Enamin-Form vor.

Das unsubstituierte 5.6-Dihydro-1.4-thiazin, das aus der Umsetzung von α-Chloracetaldehyd mit Cysteaminnatrium zu erwarten wäre, konnten wir auf diesem Wege nicht in Substanz isolieren. Sowohl das IR-Spektrum des Rohproduktes dieser Umsetzung als auch dessen nachfolgende Hydrierung zum Thiomorpholin beweisen jedoch, daß bei dieser Reaktion 5.6-Dihydro-1.4-thiazin entsteht.
Es ist offensichtlich so temperatur- und luftempfindlich, daß es, wenn überhaupt, nur sehr schwer in reiner Form zu erhalten ist.
Auch die übrigen, auf direktem Wege dargestellten 2-monoalkylierten 5.6-Dihydro-1.4-thiazine sind äußerst luftempfindlich und nur unter Schutzgasatmosphäre (z.B. Argon) im Eisschrank einige Wochen unzersetzt haltbar. Sie zeichnen sich alle durch einen unangenehmen und anhaltenden Geruch aus.

b) Thiomorpholine auf Basis von ß-Aminochloräthan und Ketonen

Ein weiterer Weg zur Thiomorpholinsynthese könnte über die Umsetzung von Ketonen mit ß-Aminochloräthan zu Schiff'schen Basen führen, die leicht eine Thiolierungsreaktion mit anschließender, durch Amin katalysierte Ringschlußreaktion zu 5.6-Dihydro-1.4-thiazinen eingehen (Gl.4.12).
Es ist dann vom verwendeten Keton abhängig, ob das 1.4-Thiazin in der Ketimin- oder der Enaminform vorliegt.

$$\begin{array}{c} R-C=O \\ | \\ R^1-CH_2 \end{array} + H_2N-CH_2-CH_2-Cl \xrightarrow{-H_2O} \begin{array}{c} R-C=N-CH_2-CH_2Cl \\ | \\ R^1-CH_2 \end{array} \quad (4.12)$$

$$\xrightarrow{+S} \begin{array}{c} R-C \overset{N}{\underset{|}{\diagup}} CH_2 \\ R^1-CHCH_2 \\ \diagdown SHCl \end{array} \xrightarrow{-HCl} \begin{array}{c} R-C \overset{N}{\underset{|}{\diagup}} CH_2 \\ R^1-CHCH_2 \\ \diagdown S \diagup \end{array} \rightleftharpoons \begin{array}{c} R-C \overset{H}{\underset{||}{\diagdown}} CH_2 \\ R^1-C \diagdown_S \diagup CH_2 \end{array}$$

c) Thiomorpholine auf Basis von ß-Aminochloräthan und α-Mercaptoketonen

Durch Umsetzung von α-Mercaptoketonen mit ß-Aminochloräthan sollte ebenfalls ein Zugang zu 5.6-Dihydro-1.4-thiazinen und somit zu Thiomorpholinen möglich sein.

$$\begin{array}{c} R-C=O \\ | \\ R^1-CH-SH \end{array} + \begin{array}{c} H_2N-CH_2 \\ | \\ Cl-CH_2 \end{array} \xrightarrow{-HCl} \begin{array}{c} R-C \overset{H}{\underset{||}{\diagdown}} N \diagdown CH_2 \\ R^1-C \diagdown_S \diagup CH_2 \end{array} \quad (4.13)$$

Dieser Weg würde sich in besonderer Weise dazu eignen, weitgehend beliebig substituierte Thiomorpholine aus billigen Rohstoffen herzustellen.
Diese neuen Synthesewege sollten dazu beitragen können, die für die unterschiedlichen Verwendungszwecke sehr wichtigen Derivate der Thiomorpholine auf einem einfachen und völlig ungefährlichen Weg, ausgehend von billigen Rohstoffen, herzustellen.

4.61 Zusammenfassende Diskussion zur Frage der Thiomorpholinsynthesen ohne Anwendung von Aziridinen[78]

Es wurde bereits gezeigt, daß die unter a) skizzierten Reaktionen durchaus einen praktikablen Weg zur Herstellung substituierter Thiomorpholine bieten.

Demgegenüber kommt der Möglichkeit b), durch eine Dreikomponentenreaktion, nämlich ß-Aminochloräthan, Keton und Schwefel zu den entsprechenden 5.6-Dihydro-1.4-Thiazinen zu gelangen, keine präparative Bedeutung zu, weil eine große Zahl nicht identifizierter Produkte entsteht.

Wie am Beispiel der Umsetzung von 1-Amino-2-chloräthan-hydrochlorid mit 2-Mercaptopentanon-3 gezeigt werden konnte, entsteht danach gemäß Reaktionsschema c) mit maximal 20 proz. Ausbeute neben nicht identifizierten Reaktionsprodukten 2-Methyl-3-äthyl-5.6-dihydro-4H-1.4-thiazin in ungenügender Reinheit. Alle Versuche, die Reaktionsbedingungen günstiger zu gestalten, schlugen fehl.

4.62 5.6-Dihydro-4H-1.4-thiazine aus N-Acetyl-ß-chloräthylamin und α-Mercaptoketonen

Die nach Reaktionsschema c), Abschn. 4.61 entstehenden Nebenprodukte ließen auf unerwünschte Nebenreaktionen der freien Aminogruppen schließen, weshalb versucht wurde, diese mittels technisch billiger Acylierungsmittel durch Acylierung zu schützen.

In der Literatur ist keine Synthese für das 2-Chloräthylacetamid vom 1-Amino-2-chlor-äthan-hydrochlorid ausgehend beschrieben.

Ausgangssubstanz für das 2-Chloräthylacetamid ist normalerweise Äthanolamin. Das Äthanolamin wird durch Umsetzung mit einem in den allgemeinen Arbeitsvorschriften für die Darstellung mit von Carbonsäureamiden[79] üblichen Reagenz in das N-Acetyläthanolamin übergeführt.

Äthanolamin läßt sich mit Essigsäure[80] oder Essigsäureanhydrid [81-83] mit Ausbeuten bis zu 97 % in die N-Acetylverbindung umsetzen. Die von Fränkel und Cornelius[84] beschriebene Umsetzung mit Acetylchlorid liefert nicht, wie von beiden angenommen, die N-Acetylverbindung, sondern, wie van Dormael[85] zeigen konnte, das Hydrochlorid der O-Acetylverbindung. Ebenso wird in der Literatur die Umsetzung von Äthanolamin mit Essigsäureäthylester beschrieben[86-88]. Die Esteramidierung liefert Ausbeuten bis zu 87 %.

Von diesem Zwischenprodukt gelangt man durch Chlorierung zum N-Acetyl-ß-chloräthylamin. Die Chlorierung kann mit Thionylchlorid[88,89] oder, wie in einem japanischen Patent[90] beschrieben, mit Phosgen durchgeführt werden.

Äthylenimin und Acetylchlorid liefern in guten Ausbeuten in einem einzigen Reaktionsschritt ß-Chloracetamid[91]. Doch aus dieses Verfahren geht letzten Endes vom Äthanolamin aus, das über die Zwischenstufe des 1-Amino-1-chlor-äthan-hydrochlorids in Äthylenimin übergeführt wird.

Im vorliegenden Falle wurde ß-Chloracetamid durch Esteramidierung von Essigsäureäthylester nach den von McQuillin und Stewart[87] und D'Alelio und Reid[86] beschriebenen Methode dargestellt. Die Chlorierung erfolgte nach einer Vorschrift von Heyns und von Bebenburg[89] mit Thionylchlorid in Chloroform.

Die Umsetzung von Natrium- oder Kalium-2-Mercaptopentanon-3 mit 2-Chloräthylacetamid sollte nach folgender Reaktionsgleichung möglich sein:

$$\begin{array}{c} R^1-C=O \\ | \\ R^2-CH-S-Na \end{array} + \begin{array}{c} CH_2-NH-CO-CH_3 \\ | \\ Cl-CH_2 \end{array} \xrightarrow[-NaCl]{} \begin{array}{c} \quad\quad NHCO-CH_3 \\ \quad\quad | \\ R^1-C=O \quad CH_2 \\ | \quad\quad\quad | \\ R^2-CH \quad\quad CH_2 \\ \diagdown S \diagup \\ \mathbf{4.7} \end{array} \quad (4.14)$$

Die Synthese des 2-(ß-Acetamido-äthyl)-mercaptopentanon-3 (<u>4.7</u>) gelingt mit einer Rohausbeute von 80 % (Reinprodukt nach Destillation 60 % Ausb.d.Th.), wenn die Reaktion 3 Stunden in siedendem Methanol durchgeführt, dann von ausgefallenem NaCl abfiltriert und das Filtrat rektifiziert wird.

Für den Ringschluß von <u>4.7</u> zum 2-Methyl-3-äthyl-5.6-dihydro-4H-1.4-thiazin ist offenbar die vorhergehende Hydrolyse von <u>4.7</u> erforderlich.

Für die Verseifung von Carbonsäureamiden ist sowohl die saure als auch die alkalische Hydrolyse geeignet.
Die saure Hydrolyse von 4.7 verläuft über die isolierbare Zwischenstufe des 2-(ß-Aminoäthyl)-mercaptopentanon-3-hydrochlorids.

$$\underline{4.7} \xrightarrow[-CH_3COOH]{verd.\ HCl} \begin{bmatrix} C_2H_5-C=O & \overset{\oplus}{N}H_3 \\ | & | \\ CH_3-CH-S-CH_2-CH_2 \end{bmatrix} + Cl^{\ominus} \quad (4.15)$$

Bei der alkalischen Hydrolyse von 4.7 ist die lineare Zwischenstufe nicht faßbar; vielmehr tritt sofortige Polykondensation zu hochviskosen Produkten ein.
Es erwies sich als vorteilhaft, 4.7 mit einem einmolaren Überschuß an 3.5 N HCl durch 4-stdg. Erhitzen unter Rückfluß zu hydrolyieren und anschließend das entstandene braune Öl (Hydrochlorid des Linearproduktes) durch Zugabe eines Überschusses an wäßrigem Alkali zum betreffenden 5.6-Dihydro-1.4-thiazin zu kondensieren (Gl.4.16). Die Ausbeute beträgt 70 %.

$$\begin{array}{c} R-C=O \\ | \\ R^1-CH-S-CH_2-CH_2 \end{array} \begin{array}{c} NHCOCH_3 \\ | \\ \end{array} \xrightarrow[-AcOH]{HCl\ (3.5N)} \begin{array}{c} R-C=O \\ | \\ R^1-CH-S-CH_2-CH_2 \end{array} \begin{array}{c} NH_2 \cdot HCl \\ | \\ \end{array}$$

$$\xrightarrow[\substack{-NaCl \\ -H_2O}]{NaOH} \quad \begin{array}{c} R \\ R^1 \end{array}\!\!\!\underset{S}{\overset{H}{\underset{|}{N}}}\!\!\!\rangle$$

(4.16)

4.63 Synthese des unsubstituierten Thiomorpholins

Die erste Thiomorpholin-Synthese wurde bereits 1896 beschrieben. Durch Reaktion von 1.2-Dibromäthan mit Cysteamin entstand Thiomorpholin; die Ausbeuten sind nicht angegeben.

$$\begin{array}{c} CH_2-Br \\ | \\ CH_2-Br \end{array} + \begin{array}{c} H_2N-CH_2 \\ | \\ HS-CH_2 \end{array} \xrightarrow[-2\,HBr]{alkoh.\,KOH} \begin{array}{c} H \\ N \\ \langle\quad\rangle \\ S \end{array} \qquad (4.17)$$

Als Ausgangssubstanz wurde auch das Bis-(ß-chloräthyl)-sulfid (Senfgas, Gelbkreuz, Lost) eingesetzt, das mit alkoholischer Ammoniaklösung, Aminen oder Aminosäuren Thiomorpholin bzw. N-substituierte Thiomorpholine liefert[17,23,40,92-100].

$$\begin{array}{cc} Cl & Cl \\ | & | \\ CH_2 & CH_2 \\ | & | \\ CH_2 & CH_2 \\ \diagdown S \diagup \end{array} \xrightarrow[-2\,HCl]{alkoh.\,NH_3,\,Druck} \begin{array}{c} H \\ N \\ \langle\quad\rangle \\ S \end{array} \qquad (4.18)$$

Allerdings ist die Umsetzung mit alkoholischer Ammoniaklösung nur unter Druck mit Ausbeuten von ca. 20 % möglich. Höher sind die Ausbeuten bei Aminen, besonders dann, wenn deren Alkylreste sehr lang sind.

Eine nur geringfügige Veränderung des letzten Verfahrens besteht darin, beide Chloratome nucleophil durch Fluor zu substituieren[101]. Sogar ß,ß'-Dibromdiäthylsulfid zeigt höhere Reaktivität als das Chloranalogon, wie Versuche von Burrows und Reid[102] beweisen.

Anstelle der Halogene sind auch andere aktive, zum Schwefel ß-ständige Gruppen in der Lage, mit Ammoniak oder Aminen zu Thiomorpholin bzw. dessen Derivaten zu reagieren.

Die Umsetzung von Senfgas mit Phthalimid-Kalium führt zu ß,ß'-Diphthalimidodiäthylsulfid, das beim Erhitzen mit konz. Salzsäure im Einschlußrohr auf 200°C Thiomorpholin liefert[103].

(4.19)

Ein weitere Weg zum Thiomorpholin führt über die Reduktion von 3-Oxo- und 3.5-Dioxo-1.4-thiazan mit Lithiumaluminiumhydrid[18,104] (Reaktionsgleichung 4.20) Das 3-Oxo-1.4-thiazan erhält man durch Umsetzung von Äthylenimin mit Mercaptoessigsäureäthylester[35].

(4.20)

Um von der bisherigen Arbeitsweise mit dem sehr giftigen Dichlordiäthylsulfid unabhängig zu werden, entwickelte man Synthesen, bei denen anstelle des ß,ß'-Dichlordiäthylsulfids ein Amin als Ausgangssubstanz gewählt wurde. Setzt man ß,ß'-Dichlordiäthylamin-Hydrochlorid bzw. N-substituiertes Aminhydrochlorid mit Natriumsulfid in alkoholischer Lösung um, erhält man Thiomorpholin bzw. N-substituiertes Thiomorpholin in Ausbeuten, die sich zwischen 20 und 60 % bewegen[20,100,105,106].

$$\begin{array}{c} H \\ | \\ N \\ / \quad \backslash \\ CH_2 \quad CH_2 \\ | \quad\quad | \\ CH_2 \quad CH_2 \\ | \quad\quad | \\ OH \quad\, OH \end{array} \xrightarrow[-2H_2O]{3\,HCl} \begin{array}{c} H \\ | \\ N \cdot HCl \\ / \quad \backslash \\ CH_2 \quad CH_2 \\ | \quad\quad | \\ CH_2 \quad CH_2 \\ | \quad\quad | \\ Cl \quad\, Cl \end{array} \xrightarrow[sied.\,Alk.]{Na_2S \cdot 9H_2O} \begin{array}{c} H \\ | \\ N \\ / \;\backslash \\ \;\;\;\;\; \\ \backslash \;/ \\ S \end{array} \quad (4.21)$$

Die Agfa-Gevaert AG griff diese Synthese vor wenigen Jahren noch einmal auf und erhielt durch Variation der Versuchsbedingungen Thiomorpholin-Hydrochlorid in 51 %-iger Ausbeute[22].

Alle beschriebenen Wege zur Herstellung von Thiomorpholin kommen für eine technische Herstellung nicht in Frage, da entweder die Zwischenprodukte zu schwer zugänglich, zu giftig oder die Ausbeuten zu niedrig sind. Weiterhin ist Lithiumaluminiumhydrid für einen technischen Prozeß zu teuer. Die Isolierung des Thiomorpholins gestaltet sich in jedem Falle recht schwierig, da es gut wasserlöslich ist und aus den anfallenden wäßrigen Reaktionsgemischen nur unvollständig abgetrennt werden kann.

Die Farbenfabriken Bayer AG entwickelten ein neueres Verfahren zur Herstellung von unsubstituiertem Thiomorpholin, indem N-alkylierte Thiomorpholine thermisch gespalten werden[19].

Dabei dienen als Ausgangsprodukte die Salze der N-Alkyl-, N-Cycloalkyl- und N- -Aralkylthiomorpholine, die in Gegenwart eines Lösungsmittels wie Diäthylenglykol, Diphenyl oder Diphenyläther auf Temperaturen über 180°C erhitzt werden. Das Thiomorpholin scheidet sich bei dieser thermischen Spaltung als Salz ab und der Alkylrest wird zum Olefin umgewandelt. Die freie Base läßt sich mit konzentriertem wäßrigem Alkalihydroxid freisetzen und in Ausbeuten von 75 bis 95 % isolieren.

$$CH_3-\underset{\underset{CH_3}{|}}{\overset{\overset{CH_3}{|}}{C}}-N\smile S \xrightarrow[Diphenyl]{180°C} HCl \cdot HN\smile S + CH_2=C\overset{CH_3}{\underset{CH_3}{\diagdown}}$$

Hydrochlorid

$$\downarrow NaOH$$

$$HN\smile S$$

(4.22)

Die als Ausgangssubstanzen benötigten N-Alkyl-thiomorpholine sind leicht zugänglich. N,N-Bis-(ß-hydroxiäthyl)-alkylamine werden in N,N-Bis-(ß-chloräthyl)-alkylamine übergeführt und mit Natriumsulfid zu den entsprechenden N-Alkyl-thiomorpholinen umgesetzt.

Rasche[39] erarbeitete eine Synthese, bei der ß-Amino-ß'-chlordiäthylsulfidhydrochlorid durch Erhitzen in wasserfreiem DMF unter Zugabe von Triäthylamin zum Thiomorpholin cyclisiert wird.

$$\underset{\underset{\underset{\diagdown S \diagup}{|}}{\overset{\overset{Cl}{|}}{\underset{CH_2}{CH_2}}}}{} \quad \underset{\underset{}{\overset{\overset{NH_2 \cdot HCl}{|}}{\underset{CH_2}{CH_2}}}}{} \xrightarrow[DMF]{(C_2H_5)_3N} \overset{H}{N}\smile S$$

(4.23)

Weder das Verfahren der thermischen Zersetzung N-alkylierter Thiomorpholin-Salze[19], noch die von Rasche entwickelte Synthese[39] lassen sich aus unterschiedlichen Gründen nicht in den technischen Maßstab überführen. Hierzu würde sich die bereits beschriebene und von uns aufgefundene Umsetzung von Ketonen mit Äthylenimin und elementarem Schwefel[28] und anschließende Reduktion der gebildeten 2.3-Dihydro-1.4-thiazine mit Ameisensäure[29] als eine einfache und billige Darstellungsmethode für Thiomorpholine, die auch hohe Ausbeuten liefert, besser eignen. Da Äthylenimin nicht mehr zur Verfügung steht, wurde auf das in der Literatur beschriebene Thioxansystem zurückgegriffen, das durch Austausch des Sauerstoffs gegen Stickstoff in das Thiomorpholin-Gerüst umgewandelt werden kann[107,108]. Der Austausch ist jedoch nur bei der am Schwefel oxidierten Verbindung, dem 1.4-Thioxan-1.1-dioxid, möglich. Während für die Umsetzung von Ammoniak ein Arbeiten unter Druck erforderlich ist[102], reicht bei Aminen und Hydrazin das Erhitzen in wäßriger Lösung unter Alkalikatalyse aus[108].

$$\begin{array}{c} \text{1.4-Thioxan-1.1-dioxid} \xrightarrow[150°C]{NH_3, \text{Druck}} \text{Thiomorpholin-1.1-dioxid} \end{array}$$

(4.24)

$$\begin{array}{c} \text{1.4-Thioxan-1.1-dioxid} \xrightarrow[6-100°C, \text{wässr Alkali}]{NH_2R, H_2N-NH_2} \text{N-R (NH}_2\text{)-Thiomorpholin} \end{array}$$

Statt des Thioxan-dioxids läßt sich auch die offenkettige Verbindung, das Bis-(ß-hydroxiäthyl)-sulfon, einsetzen[108].

$$\begin{array}{c} \text{OH} \quad \text{OH} \\ | \quad\quad | \\ CH_2 \quad CH_2 \\ | \quad\quad | \\ CH_2 \quad CH_2 \\ \diagdown S \diagup \\ O^{\!\!/\!/} {}^{\backslash\backslash}O \end{array} \xrightarrow[60-100°C,\ wässr.\ Alkali]{NH_2R,\ H_2N-NH_2} \begin{array}{c} R\ (NH_2) \\ | \\ N \\ \diagup\ \diagdown \\ \diagdown\ \diagup \\ S \\ O^{\!\!/\!/} \ {}^{\backslash\backslash}O \end{array} \qquad (4.25)$$

Dieses liefert bei der Umsetzung mit einem Überschuß an 20 %-igem Ammoniak bei 150°C im Autoklaven Thiomorpholin-1.1-dioxid[109].

Behandelt man Divinylsulfon mit primären Aminen, gelangt man zu Derivaten des 1.4-Thiazan-1.1-dioxids[110-117].

$$O_2S\begin{array}{c}\diagup CH=CH_2 \\ \diagdown CH=CH_2\end{array} + \begin{array}{c}H\diagdown \\ N-R \\ H\diagup\end{array} \longrightarrow O_2S\begin{array}{c}\diagup CH_2-CH_2\diagdown \\ N-R \\ \diagdown CH_2-CH_2\diagup\end{array} \qquad (4.26)$$

Dieser Reaktion liegt folgender Gedanke zugrunde: Ford-Moore[111] konnte zeigen, daß 2,2'-Dichlordiäthylsulfon eine sehr reaktionsträge Spezies ist, die aber durch ß-Eliminierung von Chlorwasserstoff das hochreaktive Divinylsulfon liefert. Es muß erwähnt werden, daß ß,ß'-Dichlordiäthylsulfon bereits eine deutlich gesteigerte Reaktivität gegenüber ß,ß'-Dichlordiäthylsulfid aufweist[100]. Die Hydrolyse des ß,ß'-Dichlordiäthylsulfons führt zu 1.4-Thioxan-Derivaten, während das ß,ß'-Dichlordiäthylsulfid offenkettiges Thiodiglykol liefert; ein Beweis für die größere Tendenz zum Ringschluß beim Sulfon[103].

Der Nachteil dieser Synthese liegt in der extremen Giftigkeit des Divinylsulfons; außerdem tritt mit Ammoniak und Hydrazin keine Reaktion ein[117].

Der einfachste Weg zum Thiomorpholin-Gerüst ist demnach derjenige über das Thioxan-S-dioxid, das man drucklos und bei relativ niedrigen Temperaturen unter Alkali-Katalyse mit Aminen in guten Ausbeuten zu den entsprechenden Thiomorpholinen umsetzen kann. Diese Reaktion haben wir mit speziellen Aminen, die über weitere funktionelle Gruppen verfügten, durchgeführt und genauer untersucht. Von den Reaktionsprodukten wurden charakteristische Derivate dargestellt.

4.631   1.4-Thioxan-1.1-dioxid durch Oxidation von Thiodiglykol unter Alkali-Katalyse

Zur Synthese des Thioxan-S-dioxids wurde auf eine von Ford-Moore [111] beschriebene und von Martin[118] optimierte Reaktion zurückgegriffen:

$$\begin{array}{c} OH \quad OH \\ | \quad\quad | \\ CH_2 \quad CH_2 \\ | \quad\quad | \\ CH_2 \quad CH_2 \\ \diagdown S \diagup \end{array} + 3\, H_2O_2 \quad \xrightarrow[25°C]{5\%\,\text{ig. } NaOH} \quad \begin{array}{c} \text{(Thioxan-S-dioxid)} \end{array} \qquad (4.27)$$

Man versetzt Thiodiglykol bei Raumtemperatur mit einem 1-molaren Überschuß an 30 proz. H_2O_2 in Äthanol. Bei dem Versuch, überschüssiges H_2O_2 durch Erhöhung der Temperatur auf 50-60°C zu umgehen, um lediglich stöchiometrische Mengen einsetzen zu können, erhält man zwar das Sulfon, gleichzeitig aber werden die Hydroxylfunktionen zur Carbonsäure oxidiert.

Nach vollendeter Zugabe des H_2O_2 werden der Lösung 5-10 % Ätznatron, bezogen auf Thiodiglykol, zugesetzt. Dieses hat die Aufgabe, die Cyclisierung des Bis-(ß-hydroxiäthyl)-sulfons zum Thioxan-S-dioxid zu katalysieren. Außerdem soll es das überschüssige Wasserstoffperoxid zersetzen.

Die zur Cyclisierung führende Kondensation ist eine schwach exotherme Reaktion, die unbedingt bei Raumtemperatur durchgeführt werden muß, da zusätzliches Erwärmen zur Bildung der oben erwähnten Carbonsäuren führt, d.h., dadurch ist einmal die Cyclisierungsmöglichkeit unterbunden, zum anderen entstehen mit der vorhandenen NaOH die entsprechenden Carbonsäuresalze, die praktisch einem Verlust an NaOH zur Cyclisierung gleichbedeutend sind. Als Folge davon tritt die vermehrte Bildung des offenkettigen Sulfons sowie von Nebenprodukten ein. Man rührt deshalb 2 h bei 25°C und heizt dann zur Beschleunigung der Cyclisierungsreaktion langsam auf 50°C auf. Oberhalb von 50°C erwärmt sich das Reaktionsgemisch durch die dann einsetzende Zersetzung des H_2O_2 auf Rückflußtemperatur des Gemisches. Nach kontrollierter Zersetzung des überschüssigen Peroxids (Test mit Titanylsulfat) wird die Natronlauge als Sulfat ausgefällt.

Nach Abdestillieren des Äthanols verbleibt ein farbloses Öl, das unter Kühlung (ca. -20°C) auskristallisiert; das kristalline Produkt schmilzt bei 130°C, Ausbeute 97 % d.Th.

4.632   Umsetzungen von 1.4-Thioxan-1.1-dioxid mit Aminen

Die Umsetzung von Thioxan-S-dioxid mit primären aliphatischen, cycloaliphatischen, araliphatischen Aminen oder Hydrazinen kann bei Temperaturen von 100-300°C[107], bei Temperaturen von 150-200°C unter gleichzeitiger Anwendung von Druck[107] oder bei Temperaturen zwischen 60-100°C unter Alkali-Katalyse[108] durchgeführt werden.

Durch die letztgenannte Reaktion erhält man auf einfache Weise und völlig gefahrlos in 4-Stellung substituierte Thiomorpholin-1.1-dioxide, wenn man Thioxan-S-dioxid mit mindestens der stöchiometrischen Menge eines primären Amins zwischen 60-100°C unter Alkali-Katalyse umsetzt.

$$\begin{bmatrix} O \\ S \\ O \end{bmatrix} + R-NH_2 \xrightarrow[-H_2O]{Alkali} \begin{bmatrix} R \\ N \\ S \end{bmatrix} \qquad (4.28)$$

Das 1.4-Thioxan-1.1-dioxid wird zusammen mit der stöchiometrischen Menge des Amins in Wasser oder Alkohol gelöst und mit katalytischen Mengen an Natron- oder Kalilauge in Form von gesättigten, wäßrigen Lösungen versetzt und einige Stunden unter Rückfluß erhitzt. Der Anteil des Katalysators am Reaktionsgemisch bewegt sich zwischen 5 und 10 %. Nach beendeter Reaktion wird mit konz. Salzsäure neutralisiert. Zur Erziehung optimaler Ausbeuten muß man bei Verwendung spezieller Amine die Reaktionsbedingungen variieren. Im Falle des Dodecylamins empfiehlt es sich, als Lösungsmittel n-Butanol zu verwenden und auf die Neutralisation zu verzichten, da die Aufarbeitung des Rohproduktes dadurch erschwert wird. Gelegentlich, z.B. bei Einsatz von Äthanolamin oder Hydrazin, ist es von Vorteil, das Reaktionsgemisch zur Abtrennung des ausgefällten Salzes zu extrahieren. Nach Abdestillieren des Lösungsmittels wird der Rückstand entweder im Vakuum destilliert oder, falls Feststoffe vorliegen, umkristallisiert. Alle erhaltenen reinen Reaktionsprodukte sind kristallin, farblos und stabil. Die Ausbeuten, Schmelz- und Siedepunkte der Umsetzungsprodukte von 1.4-Thioxan-1.1-dioxid mit primären Aminen sind in Tabelle 4.6 zusammengefaßt.

Beim 4-Benzyl-thiomorpholin-1.1-dioxid tritt folgende Eigentümlichkeit auf: Kristallisiert man diese Verbindung aus Isopropanol um, liegt der Schmelzpunkt bei 75-6°C. Verwendet man zum

Tabelle 4.6: Umsetzungen von 1.4-Thioxan-1.1-dioxid mit primären Aminen[119]

Aminkomponente	Reaktionsprodukt	Ausbeute (% d.Th.)	Schmp. bzw. Sdp./Torr (°C)
$HO-CH_2CH_2-NH_2$	4-(ß-Hydroxiäthyl)thiomorpholin-1.1-dioxid	90	73-4 177 / 0,06
Furfuryl-CH_2-NH_2	4-Furfuryl-thiomorpholin-1.1-dioxid	83	75-6
Benzyl-CH_2-NH_2	4-Benzyl-thiomorpholin-1.1-dioxid	71	75-6
$CH_3-(CH_2)_{11}-NH_2$	4-Dodecyl-thiomorpholin-1.1-dioxid	nicht bestimmt	roh 78
Benzyl-piperidinyl-NH_2	4-(Thiomorpholin-1.1-dioxido)-1-benzyl-piperidin	93	138 135-40 / 0,001

Umkristallisieren ein Benzol/Petroläther-Gemisch 1:9, dann liegt
der Schmelzpunkt bei 84°C. Beide Produkte sind trotz des beacht-
lichen Unterschiedes in ihren Schmelzpunkten analysenrein; auch
die spektroskopischen Daten stimmen überein.

Bei der Umsetzung von Thioxan-S-dioxid mit Dodecylamin konnte
trotz Umkristallisierens aus Chloroform, Benzol und Wasser kein
analysenreines Produkt erhalten werden. Der gefundene Schmelzpunkt der Verbindung liegt bei 77°C und weicht damit von dem
authentischen Schmelzpunkt des 4-n-Dodecyl-thiomorpholin-1.1-
dioxids von 82°C erheblich ab (Vgl.: Schmp. Dodecylamin 27-8°C,
Schmp. Thioxan-1.1-dioxid 130°C).

Als Beweis dafür, daß die Reaktion dennoch den gemäß Gl. 4.28
erwünschten Verlauf genommen hat, ist darin zu sehen, daß im
IR-Spektrum keine NH-Valenzschwingung im Bereich von 3500 -
3300 cm^{-1} auftrat, dafür aber die Deformationsschwingung der
SO_2-Gruppe bei 1350 - 1310 cm^{-1} bzw. 1160 - 1120 cm^{-1}. Es sei
weiterhin darauf hingewiesen, daß der gefundene Schmelzpunkt von
77°C sich auf das Rohprodukt bezieht.

Die starken Abweichungen in der Molgewichtsbestimmung sind zwei-
fellos auf Verunreinigungen zurückzuführen; NMR-spektroskopische
Aussagen konnten wegen der Verunreinigungen der Verbindung ebenfalls nicht gemacht werden.

Umsetzungen des 1.4-Thioxan-1.1-dioxids mit Ammoniak, müssen, wie
erwähnt, unter Druck und Anwendung erhöhter Temperatur durchgeführt werden. Bei Versuchen, das unsubstituierte Thiomorpholin
durch Reaktion des 1.4-Thioxan-1.1-dioxids mit Divers'scher Flüssigkeit darzustellen, erhielt man die Ausgangsverbindung quantitativ zurück[119].

Bei primären Diaminen besteht grundsätzlich die Möglichkeit
der Reaktion nur einer Aminogruppe als auch beider, wenn diese
mit Thioxan-1.1-dioxid umgesetzt werden. Dieser Sachverhalt
wird auch deutlich im Patent der BASF[92)] zum Ausdruck gebracht:
"Man kann...mehrwertige primäre Amine, wie Äthylendiamin oder
Hexamethylendiamin, nach diesem Verfahren mit Thioxandioxid
umsetzen, wobei man die Reaktion so lenken kann, daß bei Verwendung von Diaminen sowohl eine als auch beide primäre Aminogruppen in Reaktion treten".

$$\text{[Thioxandioxid]} + H_2N-C_2H_4-NH_2 \longrightarrow \text{[mono- und disubstituierte Produkte]} \quad (4.29)$$

Es wurde versucht, sowohl das mono- als auch das disubstituierte Produkt zu erhalten sowie asymmetrisch N-disubstituierte Diamine in die Reaktion einzusetzen. Da bei diesen Verbindungen nur eine primäre Aminogruppe vorliegt, kann hier ein eindeutiges Reaktionsprodukt erwartet werden (Gl.4.30).

$$\text{[Thioxandioxid]} + H_2N-(CH_2)_n-N{<}^R_R \longrightarrow \text{[Produkt]} \quad (4.30)$$

Man erhitzt Thioxan-S-dioxid in äthanolischer Lösung mit leichtem Überschuß des Diamins und in Gegenwart von Spuren Alkali
(NaOH oder KOH) 8 Stunden unter Rückfluß. Nach beendeter Reaktion
wird der Katalysator durch Zugabe von konz. Salzsäure neutralisiert und das gefällte NaCl möglichst quantitativ abgetrennt.
Nach Entfernen des Lösungsmittels wird der Rückstand über eine
30 cm-Vigreuxkolonne destilliert (Tab.4.7).

Das Reaktionsprodukt aus Thioxan-dioxid und N,N-Dimethyl-1.3-propylendiamin läßt sich nur unter Zersetzung destillieren. Bei 180°C/0,004 Torr wird ein Gas abgespalten, dessen Identität und Herkunft noch unklar sind. Beim Abkühlen kristallisiert das Rohprodukt nach Wochen aus; sein Schmelzpunkt liegt unter 50°C. Umkristallisieren ist mit großen Ausbeuteverlusten verbunden. Trotz Extraktion aus verschiedenen Lösungsmitteln konnte die Verbindung nicht analysenrein erhalten werden.

Tabelle 4.7: Umsetzung von Thioxan-S-dioxid mit asymmetrisch N-disubstituierten Diaminen

Diamin	Reaktionsprodukt	Ausb. (% d.Th.)	Schmp./Sdp. (°C)
$H_2NCH_2CH_2N(CH_3)_2$	O_2S-Ring-$NCH_2CH_2N(CH_3)_2$	90	130-5/0.007
$H_2NCH_2CH_2N(C_2H_5)_2$	O_2S-Ring-$NCH_2CH_2N(C_2H_5)_2$	82	140-2/0,005
$H_2N(CH_2)_3N(CH_3)_2$	O_2S-Ring-$N(CH_2)_3N(CH_3)_2$	roh 76	50

Die Umsetzung des Thioxan-S-dioxids mit Äthylendiamin wird zusammen mit einem leichten Überschuß an Äthylendiamin und in Gegenwart von Spuren Ätznatron in Äthanol unter Rückfluß erhitzt. Nach Neutralisieren mit konz. Salzsäure und anschließendes Entfernen des Lösungsmittels, zuletzt durch Anwendung von Vakuum, erstarrt das Reaktionsprodukt. Nach dem Umkristallisieren aus Äthanol weist es den relativ hohen Schmelzpunkt von 216°C auf. Es handelt sich jedoch nicht um ein Hydrochlorid, wie der Chloridtest zeigt. Die Verbindung ist nach spektroskopischen Daten Äthylendithiomorpholin-S-dioxid. Die Ausbeute beträgt nur 31 %. Versuche mit anderen stöchiometrischen Verteilungen der Ausgangsverbindungen ergeben dieselbe niedrige Ausbeute.

$$\left[\underset{O\diagdown\underset{O}{S}\diagup}{O}\right] + H_2N-CH_2-CH_2-NH_2 \xrightarrow{NaOH} \left[\underset{O\diagdown\underset{O}{S}\diagup}{\overset{N}{}}\right]\overset{CH_2-CH_2}{}\left[\underset{O\diagdown\underset{O}{S}\diagup}{\overset{N}{}}\right] \quad (4.31)$$

Auch durch Autoklavenversuche konnten keine besseren Resultate erzielt werden. Hierzu wurde eine wäßrige Lösung von Thioxan-S-dioxid mit wäßrigem, 70 %-igem Äthylendiamin 5 Stunden im Autoklaven auf 150°C erhitzt. Nach Abfiltrieren des teerigen Rückstandes engte man das Filtrat bis zur Trockne ein und kristallisierte aus Äthanol um. Im Widerspruch zu dem von der BASF patentierten Verfahren[107] wird nicht, wie dort angegeben, das Monosubstitutionsprodukt, sondern ausschließlich die disubstituierte Verbindung in nur 13 % Ausbeute erhalten. Der Schmp. liegt bei 216°C.

Zur Beantwortung der Frage, warum beide Aminogruppen reagieren, läßt sich folgende Beobachtung heranziehen: Bei den bisher umgesetzten Diaminen wie auch bei den Monoaminen konnte eine eindeutige Korrelation zwischen dem pK_b-Wert der Aminofunktion und deren Reaktionsfähigkeit festgestellt werden (s.Tabelle 4.8)[119].

Tabelle 4.8: Korrelation zwischen pK_b-Wert und Reaktionsfähigkeit von Diaminen und Hydrazin bei deren Umsetzung mit Thioxan-S-dioxid

Diamin	pK_b-Wert[120]	Ausbeute (%) an -dithiomorpholin-S-dioxid
$N_2N-CH_2CH_2-NH_2$	10.712	31
	7.564	
$N_2N-(CH_2)_6-NH_2$	111.857	33
	0.762	
N_2N-NH_2	5.77	18

Als Maß für die Reaktionsberichtschaft seien die unter sonst praktisch gleichen Reaktionsbedingungen erhaltenen Ausbeuten an den betreffenden Dithiomorpholin-S-dioxiden herangezogen.

Setzt man 4-Amino-thiomorpholin-1.1-dioxid (s.Kap.5) und 1.4-Thioxan-1.1-dioxid in die beschriebene Thiomorpholinsynthese ein, erhält man das N,N'-Dithiomorpholin-S-dioxid in nur 18 % Ausbeute[118]. Der Grund für den geringen Umsatz darf kaum in sterischer Hinderung gesehen werden, denn sowohl Thiomorpholin-S-dioxid als auch Thioxan-S-dioxid liegen bevorzugt in der Sesselform vor[121-123] und bieten daher keinen Anlaß zu sterischer Hinderung. Außerdem sind stabile Komplexe dieser beiden Systeme mit weitaus raumfüllenderen und sperrigeren Gruppierungen beschrieben[124].

4.633 Umsetzung von 1.4-Thioxan-1.1-dioxid mit Hydrazin (Darstellung von 4-Amino-thiomorpholin-1.1-dioxid)

Hydrazin läßt sich mit Thioxan-S-dioxid zum erwarteten 4-Aminothiomorpholin-S-dioxid umsetzen, wenn die Aminkomponente in 1-molarem Überschuß vorliegt. Hierzu wird eine wäßrige alkalische Lösung des Hydrazins auf Reaktionstemperatur aufgeheizt (ca. 120°C) und dazu eine heiße wäßrige Lösung von Thioxan-S-dioxid getropft.

Zur Vermeidung von Nebenreaktionen, z.B. der Entstehung von N,N'-Dithiomorpholin-1.1-dioxid, gibt man nach 2 std. Reaktionsdauer zum entstandenen 4-Amino-thiomorpholin-S-dioxid überschüssigen Benzaldehyd, um das 4-Amino-thiomorpholin-1.1-dioxid in Form des Hydrazons abzufangen. Die Ausbeute an Benzaldehydhydrazon beträgt 64 %; es schmilzt bei 176°C.

Diese Umsetzung kann auch in Anlehnung an das im Patent der Bayer AG beschriebene Verfahren[108] erfolgen. Zu einer wäßrigen Lösung von Thioxan-S-dioxid gibt man einen 1-molaren Überschuß an Hydrazinhydrat und katalystische Mengen NaOH und erhitzt anschließend auf ca. 120°C. Nach 2 Stunden Reaktionsdauer engt man zur Trockne ein und kristallisiert aus Methanol um; da Methanol auch für Ätznatron beachtliche Löslichkeit besitzt, erhält man hierbei kein analysensauberes Produkt.

Die Schwierigkeiten bei der Befreiung des Reaktionsproduktes von anhaftender NaOH belasten die absolute Reinigung des Produktes sehr.
Man kann aber, wie wir fanden, eine selektive Extraktion des 4-Amino-thiomorpholin-1.1-dioxids vorteilhaft mit Methylenchlorid durchführen. Hierzu wird das Reaktionsgemisch zur Entfernung letzter Spuren an Wasser zunächst mit Benzol azeotrop destilliert und anschließend das Reaktionsprodukt mit Methylenchlorid extrahiert. Nach Abdestillieren des Extraktionsmittels wird aus Metha-

nol umkristallisiert; das analysenreine Produkt kristallisiert in langen, farblosen Nadeln vom Schmp. 112°C, Ausbeute 65 % d.Th.

$$\begin{bmatrix} O \\ S \\ O^{\nearrow} \diagdown O \end{bmatrix} + H_2N-NH_2 \longrightarrow \begin{bmatrix} NH_2 \\ | \\ N \\ S \end{bmatrix} \qquad (4.32)$$

4.7 Literatur zu Kapitel 4

1) H.G.Morren, D.Zivkovic u. S.Levis,
   J. pharm. Belg., 12, 128 (1957),
   C.A., 51, 14737 (1957).
2) M.W.Goldberg u. H.H.Lehr,
   US-Pat. 2 755 278 v. 17. Juli 1956,
   C.A., 51, 501 (1957).
3) M.Celding, K.Palat, A.Sakere u. C.Vrba,
   Arch. Pharm., 291, 3 (1958),
   C.A., 52, 15 727 (1958).
4) Egyesult Gyogyszen es Tapszergyer,
   Brit. Pat. 872 350 v. 5. Juli 1961,
   C.A., 56, 474 (1962).
5) G.S.Skinner u. J.E.Bicking,
   US-Pat. 3 004 970 v. 27. April 1956,
   C.A., 56, 7 334 (1962).
6) Farbenfabriken Bayer AG
   D.B.P. 1 170 957 v. 27. Mai 1964,
   C.A., 61, 8 319 (1964).
7) J.F.Fusco, S.B.Robinson u. A.L.Miller,
   US-Pat. 2 962 474 v. 29. November 1960,
   C.A., 55, 6903 (1961).
8) Monsanto Chemicals Ltd.
   Franz. Pat. 1 428 177 v. 28. Februar 1964,
   C.A., 65, 15 392 (1966).
9) W.Tcherkerzoff
   Rev. Inst. Fr. Petrole Ann. Comb. Liq., 18, 438 (1963),
   C.A., 59, 12 800 (1963).
10) S.G.Montecatini,
    Franz. Pat. 1 323 949 v. 8. Mai 1961,
    C.A., 59, 11517 (1963).

11) J.G.Erikson,
    US-Pat. 2 729 636 v. 3. Januar 1956,
    C.A., 50, 10800 (1956)
12) O.Süs, G.Werner u. W.Wettlauffer,
    US-Pat. 2 840 492 v. 24. Juni 1958,
    C.A., 52, 19 634 (1958).
13) W.W.Williams, W.H.Libby u. H.B.Freiermuth,
    US-Pat. 2 691 653 v. 12. Oktober 1954,
    C.A., 126, 8291 (1955).
14) A.C.Perrino,
    US-Pat. 3 301 632 v. 31. Januar 1967,
    C.A., 66, 66640 (1967).
15) D.J.Wallace u. M.A.Weaver,
    US-Pat. 3 379 711 v. 23. April 1968
    C.A., 69, 28592 (1968).
16) N.V.Langlet,
    Bilhang till Svenska Vetenskaps akademiens Handlingar
    1896, 22 II, S. 3 ff.
17) W.Davies,
    J. Chem. Soc., 117, 297 (1920).
18) A.H.Sommers u. B.W.Horrom,
    J. Am. Chem. Soc., 76, 1187 (1954),
    US-Pat. 2 761 860 v. 4. September 1956.
19) Farbenfabriken Bayer AG,
    H.Wilms u. W.Klappert,
    D.B.P. 1 104 513 v. 13. April 1961,
    C.A., 57, 3455 (1962).
20) J.Cymerman-Craig, W.P.Rogers u. M.E.Tate,
    Austr. J. Chem., 9, 397 (1956).
21) P.Müller,
    Dissertation, TH Aachen (1968).
22) H.Hückstädt u. K.H.Mayer,
    Synthesis 1970, 2 (4), 183 (1970),
    D.B.P.-Anmeldung P 1 770 123, 4 (1968),
    Agfa-Gevaert AG,
    C.A., 73, 14 782a (1970)

23) B.Idson u. P.E.Spoerri,
    J. Am. Chem. Soc., 76, 2902 (1954).
24) D.Harman u. W.E.Vaughan,
    J. Am. Chem. Soc., 72, 631 (1950),
    US-Pat. 2 562 145 v. 24. Juli 1951.
25) K.Fuji,
    Yakugaku Zasshi 77, 347, 359 (1957),
    C.A., 51, 12100 (1957).
26) F.Asinger, F.J.Schmitz u. S.Reichel,
    Liebigs Ann. Chem., 652, 50 (1962).
27) F.Asinger, H.Diem u. W.Schäfer,
    Monatsh. Chem., 95, 1335 (1964).
28) F.Asinger, H.Offermanns, W.Pürschel, K.H.Lim u. D.Neuray,
    Monatsh. Chem., 99, 2090 (1968).
29) F.Asinger, H.Offermanns, K.H.Lim u. D.Neuray,
    Monatsh. Chem., 101, 1281 (1970).
30) F.Asinger, H.Offermanns, D.Neuray u. P.Müller,
    Monatsh. Chem., 101, 1295 (1970).
31) F.Asinger, A.Saus, H.Offermanns, D.Neuray u. K.H.Lim,
    Monatsh. Chem., 102, 321 (1971).
32) H.Berding,
    Dissertation TH Aachen, 1966.
33) H.Destian,
    Liebigs Ann. Chem., 566, 210 (1949).
34) J.T.Strukov,
    Zhur. Obshchei Khim, 28, 69 (1958),
    C.A., 52. 12484 (1958).
35) P.Hermann,
    Chem. Ber., 94, 442 (1961).
36) S.Rossi, T.Bacchetti u. S.Maiorano,
    Gazz. Chim. Ital., 92, 1367 (1962).

37) C.L.Steven, E.Farkas u. J.Gillis,
J. Am. Chem. Soc., 76, 2695 (1954).
38) P.Rasche,
Diplomarbeit TH Aachen 1970.
39) P.Rasche,
Dissertation TH Aachen 1972.
40) M.Nakajima,
J. Pharm. Soc. Japan, 66, 15 (1946),
C.A., 45, 6574 (1951).
41) K.Moraw,
Dissertation TH Aachen, 1975.
42) P.Hermann,
Chem.Ber., 94, 2442 (1962).
43) J.H.Billmann u. A.C.Diesing,
J. Org. Chem., 22, 1068 (1957).
44) K.H.Lim,
Diplomarbeit TH Aachen 1967.
45) E.L.Eliel,
Stereochemie der Kohlenstoffverbindungen,
Verlag Chemie, Weinheim, Bergstr., 1966.
46) P.L.de Benneville u. J.H.Macartney,
J. Am. Chem. Soc., 72, 3073 (1950).
47) N.J.Leonard u. R.R.Sauers,
J. Am. Chem. Soc., 79, 6210 (1957).
48) J.Hartig,
Dissertation TH Aachen 1972,
Institut für Technische Chemie und Petrolchemie.
49) S.Gabriel,
Ber. Deut. Chem. Ges., 21, 1049 (1888).
50) S.Gabriel,
Ber. Deut. Chem. Ges., 21, 2665 (1888).
51) S.Gabriel u. R.Stelzner,
Ber. Deut. Chem. Ges., 28, 2929 (1895).

52) L.Knorr u. G.Meyer,
    Ber. Deut. Chem. Ges., 38, 3130 (1905).
53) G.I.Braz,
    Zhur. Obshchei Khim., 25, 763 (1955),
    C.A., 50, 2457 (1956).
54) Yu.V.Markova, K.K.Kuz'mina u. M.N.Shchukina,
    Zhur. Obshchei Khim., 30, 1039 (1960),
    C.A., 55, 513 (1961).
55) VEB Farbenfabrik Wolfen,
    Wolf F., Ehrlich, M. u. Warnecke, D.,
    Brit. Pat. 897 746 v. 30. Mai 1962,
    C.A., 57, 11397 (1962).
56) VEB Farbenfabrik Wolfen,
    D.Warnecke, M.Ehrlich u. F.Wolf,
    D.B.P. 1 234 221 v. 16. Februar 1967,
    C.A., 67, 82083 (1967).
57) H.Wenker,
    J. Am. Chem. Soc., 57, 2328 (1935),
    C.A., 30, 79 (1936).
58) P.A.Leighton, Wm.A.Perkins u. M.L.Renquist,
    J. Am. Chem. Soc., 69, 1540 (1947).
59) C.F.H.Allen, F.W.Spangler u. E.R.Webster,
    Org. Syn., 30, 38 (1950),
    C.A., 45, 116 (1951).
60) W.A.Reeves, G.L.Drake jr. u. C.L.Hoffpauir,
    J. Am. Chem. Soc., 73, 3522 (1951),
    C.A., 46, 4481 (1952).
61) Farbwerke Höchst AG,
    O.Scherer, H.Kühn, G.Otten u. K.H.Martens,
    D.B.P. 1 077 217 v. 10.März 1960,
    C.A., 55, 15509 (1961).
62) Shell Research Ltd.,
    Forshaw E.R.A.,
    Brit. Pat. 938 053 v. 25. September 1963,
    C.A., 60, 2890 (1964).

63) Chemirad Corp.,
    Brit. Pat. 962 866 v. 8.Juli 1964,
    C.A., 61, 8278 (1964).
64) Badische Anilin- und Soda-Fabrik AG.,
    Neth. Appl. 6 407 592 v. 6. Januar 1965,
    C.A., 63, 580 (1965).
65) Chemirad Corp.,
    R.G.Dunning,
    US-Pat. 3 326 897 v. 20. Juni 1967,
    C.A., 67, 73 515 (1967).
66) Dow Chemical Co.,
    Brit. Pat. 923 528 v. 10. April 1963,
    C.A., 59, 9983 (1963).
67) Dow Chemical Co.,
    Miller G.R., G.E.Ham, J.E.Cobb u. F.R.Jensen,
    US-Pat. 3 336 294 v. 15. August 1967,
    C.A., 69, 10344 (1968).
68) Phillips Petroleum Co.,
    Dix,J.S.,
    US-Pat. 3 437 654 v. 8. April 1969,
    C.A., 71, 22035 (1969).
69) Dow Chemical Co.,
    E.G.Ramirez u. G.R.Miller,
    US-Pat. 3 634 396 v. 11. Januar 1972,
    C.A., 77, 77388 (1972).
70) Dow Chemical Co.,
    G.R.Miller, J.E.Cobb, G.E.Ham u. F.R.Jensen,
    D.B.P. 1 303 333 v. 30. September 1971,
    C.A., 76, 14 316 (1972).
71) Mitsui Toatsu Chemicals, Inc.,
    Matsuda F., T.Takahashi u. N.Ogiya,
    Japan. Kokai 74 14 456 v. 7. Februar 1974,
    C.A., 80, 95702 (1974).

72) Mitsui Toatsu Chemicals, Inc.,
    F.Matsuda, T.Takahashi u. N.Ogiya,
    Japan. Kokai 74 24 945 v. 5. März 1974,
    C.A. 80, 145994 (1974).
73) Daiichi Kogyo Seiyaku Co. Ltd.,
    K.Inokuchi,
    Japan.Pat. 70 07 053 v. 11. März 1970,
    C.A., 72, 132489 (1970).
74) Mitsui Toatsu Chemicals Co. Ltd.,
    Takahashi, T., F.Matsuda u. N.Ogitani,
    Japan. Pat. 73 15 924 v. 18. Mai 1973,
    C.A., 79, 53167 (1973).
75) M.Sile, A.Avots, M.V.Shimanskaya u. I.I.Ioffe,
    Latv. PSR Zinat. Akad. Vestis, Kim. Ser. 1971 (4),
    501 (1971),
    C.A., 75, 140573 (1971).
76) A.Avots, I.I.Ioffe, M.Sile, M.V.Shimanskaya u. G.Idlis,
    Russ. Pat. 230 166 v. 1. Juli 1971,
    C.A., 76, 3682 (1972).
77) M.Sile, A.Avots, M.V.Shimanskaya, I.I.Ioffe u. V.Ulaste,
    Latv. PSR Zinat. Akad. Vestis, Kim. Ser. 1972 (2),
    218 (1972),
    C.A., 77, 88175 (1972).
78) E.Bähr,
    Diplomarbeit TH Aachen,1975.
79) H.Henecka,
    Houben-Weyl VIII S. 359-680 (1952),
    Georg Thieme Verlag, Stuttgart.
80) H.Wenker,
    J. Am. Chem. Soc., 57, 1079 (1935),
    C.A., 29, 5112 (1935).
81) G.D.Jones,
    J. Org. Chem., 9, 484 (1944),
    C.A., 39, 1132 (1945).

82) S.C.Temin,
J. Org. Chem., 21, 250 (1956),
C.A., 50, 15412 (1956).

83) L.Hough u. M.I.Taha,
J. Chem. Soc., 1957, 3994 (1957),
C.A., 52, 4476 (1958).

84) S.Fränkel u. M.Cornelius,
Ber. Deut. Chem. Ges., 51, 1657 (1918).

85) A.van Dormael,
Bull. Soc. Chim. Belg., 57, 343 (1948).

86) D'Alelio, G.F. u. E.E.Reid,
J. Am. Chem. Soc., 59, 111 (1937),
C.A., 31, 1359 (1937).

87) F.J.McQuillin u. J.Stewart,
J.Chem. Soc., 1955, 2966 (1955),
C.A., 50, 4 814 (1956).

88) R.Bacskai u. L.Halmos,
Magyar Kem. Folyoirat, 60, 8 (1954),
C.A., 52, 3396 (1958).

89) K.Heyns u. W.v.Bebenburg,
Liebigs Ann. Chem., 595, 55 (1955),
C.A., 50, 11275 (1956).

90) Japan Soda Co. Ltd.,
Y.Uchiyama u. I.Miyano,
Japan Pat. 69 08 485 v. 21. April 1969,
C.A., 71, 60762 (1969).

91) I.Okada, T.Takahama u. R.Sudo,
Bull. Chem. Soc. Jap., 1970, 43(8), 2591 (1970),
C.A., 73, 109241 (1970).

92) M.C.Reed,
US 2.001.584 Mai 1935, Goodrich Co.;
C.A., 29, 4376 (1935).

93) Wm.F.Hart u. J.B.Niederl,
    J. Amer. Chem. Soc., $\underline{68}$, 714 (1946).
94) H.T.Clarke,
    J. Chem. Soc., $\underline{101}$, 1583 (1912).
95) J.B.Niederl u. W.F.Hart,
    US 2.439.749, April 1948;
    C.A., $\underline{42}$, 5474e (1948).
96) J.G.Erikson,
    J. Amer. Chem. Soc., $\underline{76}$, 3977 (1954);
    C.A., $\underline{49}$, 10857 (1955).
97) W.F.Cookborn u. A.F.Mekoy,
    J. Amer. Chem. Soc., $\underline{77}$, 347 (1955);
    C.A., $\underline{50}$, 1026 (1956).
98) J.P.Lavaus u. R.S.Levy,
    Bull. Soc. Chim. France, $\underline{1966}$, 516,
    C.A., $\underline{64}$, 17587 (1966).
99) W.F.Lawson u. E.E.Reid,
    J. Amer. Chem. Soc., $\underline{47}$, 2821 (1925).
100) O.B.Helferich u. E.E.Reid,
    J. Amer. Chem. Soc., $\underline{42}$, 1226 (1920).
101) P.Malatesta u. B.D'Atri,
    Ricerca sci. $\underline{22}$, 1589 (1952);
    C.A., $\underline{47}$, 10478a (1953).
102) L.A.Durrows u. E.E.Reid,
    J. Amer. Chem. Soc., $\underline{56}$, 1720 (1934);
    C.A., $\underline{28}$, 6150 (1934).
103) Cashmore,
    J. Chem. Soc., $\underline{123}$, 1738 (1923).
104) B.W.Horrom u. A.H.Sommers,
    US 2.761.860, September 1956;
    C.A., $\underline{51}$, 2883g (1957).
105) J.Cymermann-Craig,
    Chemistry and Industry, $\underline{1954}$, 1455.

106) C.S.Gibson u. J.D.A.Johnson,
    J. Chem. Soc., 1933, 1529;
    C.A., 28, 77 (1934).
107) Auslegeschrift 1 123 326, Februar 1962, BASF,
    Fr. Pat. 874.519 BASF;
    C.A., 56, 10162 (1961).
108) Fr. Pat. 1.558.229, Feburar 1969, Bayer AG.,
    Belg. Pat. Nr. 712986, März 1968;
    C.A., 72, 55482a (1970).
109) Ullmann,
    Encyklopädie der technischen Chemie, 16, 536 (1965).
110) S.C.Bellaart,
    Rec. Trav. Chim., 81, 156 (1962);
    C.A., 57, 2215a (1962).
111) A.H.Ford-Moore,
    J. Chem. Soc., 1949, 2433;
    C.A., 44, 3889 (1950).
112) A.H.Ford-Moore, A.G.Lidstone u. W.A.Waters,
    ibid. 1946, 819.
113) F.Wolf, E.Taeger, S.Alluosh u. C.Diallo,
    Z. Chem., 7 (4), 156 (1967);
    C.A., 67, 21557k (1967).
114) A.A.R.Sayigh, H.Ulrich u. M.Green,
    J. Org. Chem., 29 (7), 2042 (1964).
115) O.Scherer, F.Kluge, H.Mildenberger u. A.Sens,
    DBP 1.188.083, März 1965, Farbwerke Hoechst AG.,
    C.A., 62, 13157b (1965).
116) J.D.Groves,
    US 3.708.537, Januar 1973;
    C.A., 78, 13620x (1973).
117) J.R.Alexander u. H.McCombie,
    J. Chem. Soc., 1931, 1913;
    C.A., 25, 5661 (1930).

118) I.Martin,
    Diplomarbeit TH Aachen 1975.
119) M.Kaußen,
    Diplomarbeit TH Aachen 1977.
120) Handbook of Chemistry and Physics,
    54th Edition 1973-1974, CRC-Press., Seite D-127

5. Thiomorpholinderivate

5.1 Einleitung

Unter Berücksichtigung der in Kap. 4 beschriebenen Thiomorpholinsynthesen besteht hinsichtlich der Derivatisierung von Thiomorpholin eine breite Palette von Möglichkeiten, die im Folgenden kurz umrissen wird.

Die Möglichkeiten zur Einbringung von Substituenten in der 2.3.5. und 6-Stellung des unsubstituierten Thiomorpholins ergeben sich insbesondere durch die von uns entwickelte Thiomorpholinsynthese aus α-Mercaptoketonen und Aziridinen über die entsprechenden 5.6-Dihydro-4H-1.4-thiazine und deren Reduktion. Hierbei sind die Substituenten durch die geeignete Wahl der Ausgangsverbindungen gegeben (s. Gl. 4.4). In analoger Weise eignen sich auch die Umsetzungen von α-Halogencarbonylverbindungen mit Cysteamin (s. Gl. 4.5) bzw. die Dreikomponentenreaktion aus Keton, Schwefel und Aziridin gemäß Gln. 4.7 bzw. 4.8 und 4.9.

Da diese Synthesen bereits Gegenstand eingehender Erörterung des Kap. 4 waren und dort auch die bisherigen Ergebnisse tabellarisch wiedergegeben sind, sei bezüglich der Derivatisierung in 2.3.5 und 6-Stellung auf dieses Kapitel verwiesen. Es muß aber im vorliegenden Zusammenhang betont werden, daß der Weg zu Thiomorpholinen über die 5.6-Dihydro-1.4-thiazine darüber hinaus die Möglichkeit zu Additionsreaktionen an das ungesättigte Thiazinsystem bietet, womit eine weitere Derivatisierungsmöglichkeit eröffnet wird (s. Abschn. 5.2).

Durch gezielte Oxidation gelangt man zu Thiomorpholin-S-oxiden bzw. Thiomorpholin-S-dioxiden. Betrachtet man diese Verbindungen als Derivate des unsubstituierten Thiomorpholins, so wurde schon in Abschnitt 4.63 deutlich, daß ein wichtiger Syntheseweg zum "unsubstuierten" Thiomorpholin über das leicht zugängliche Thioxandioxid und anschließenden Austausch des Ringsauer-

stoffs durch Ammoniak bzw. geeignete primäre Amine verläuft.
Dieser Weg ist in Abschnitt 4.63 an Beispielen belegt, weshalb im Zusammenhang mit der Derivatisierung des unsubstituierten Thiomorpholins sowohl an der 1-als auch an der 4-Stellung auf diesen Abschnitt verwiesen wird.
Die Oxidation C-alkylierter Thiomorpholine ist wiederum Gegenstand eigener Erörterung (s. Abschn. 5.3).
Von besonderer Bedeutung ist die Umwandlung der Aminogruppe des Thiomorpholinsystems. Bezüglich dieser Umwandlungsmöglichkeiten am C-unsubstituierten Thiomorpholin wurde bereits auf Abschnitt 4.63 hingewiesen. Entsprechende Derivate C-alkylierter Thiomorpholine werden in gesonderten Abschnitten behandelt, so die Mannichbasen der Thiomorpholine in Abschnitt 5.4 und die Umsetzungen mit s-Triazinen (Abschn. 5.5).
Im vorliegenden Zusammenhang waren für uns Acylierungsreaktionen der Thiomorpholine von besonderem Interesse; sie werden in Abschnitt 5.6 ausführlich diskutiert. Abschnitt 5.7 behandelt N-Alkylierungsreaktionen. Unserem Interesse an der Synthese quartärer Thiomorpholiniumsalze ist in Abschnitt 5.8 Rechnung getragen. Dieser Abschnitt behandelt auch auszugsweise unsere Ergebnisse zur Reinigung und Strukturaufklärung von reinen isomeren Thiomorpholinderivaten. Abschließend wird in Abschnitt 5.9 an einigen ausgewählten Beispielen das unterschiedliche Reaktionsverhalten reiner isomerer Thiomorpholinverbindungen behandelt.

5.2   3-Cyano-thiomorpholine und Perhydro-3-cyano-thiazolothiazine

Wir konnten bereits früher zeigen, daß die Umsetzung von α-Mercaptoketonen mit Äthylenimin nicht nur zu den 5.6-Dihydro-4H-1.4-thiazinen führt (vgl. Gl. 4.4), sondern bei weiterer Einwirkung von einem Mol α-Mercaptoketon auf das 5.6-Dihydro-1.4-thiazinsystem eine Addition der Mercaptogruppe an die Azomethinbindung unter Ausbildung von Thiazolothiazinen führt[1] (Gl. 5.1).

$$\underset{\underline{5.1}}{\overset{H}{\underset{R^1}{R}}\!\!\!\left[\overset{N}{\underset{S}{}}\right]} \;\rightleftharpoons\; \underset{\underline{5.2}}{\overset{}{\underset{R^1}{R}}\!\!\!\left[\overset{N}{\underset{S}{}}\right]} \;+\; \underset{R^1-CH-SH}{\overset{R-C=O}{}} \;\longrightarrow\; \underset{\underline{5.3}}{\overset{\overset{R}{C}=CH-R^1}{\underset{R^1}{R}}\!\!\!\left[\overset{N}{\underset{S}{}}S\right]} \qquad (5.1)$$

Sowohl die 4H-5.6-Dihydro-1.4-thiazine (<u>5.1</u>) als auch deren tautomere Verbindung, die 2H-5.6-Dihydro-1.4-thiazine (<u>5.2</u>) als auch die Thiazolothiazine <u>5.3</u> sind zur Addition von Blausäure an die Azomethin- bzw. Enaminverbindung befähigt.[2] Die Frage der Richtung der Addition läßt sich aufgrund von Literaturdaten[3-6] sowie aus eigenen Arbeiten,[7] wie folgt, beantworten: Die Addition erfolgt erwartungsgemäß immer in der Weise, daß der Wasserstoff der Blausäure an den Stickstoff, die Nitrilgruppe an den Kohlenstoff der polarisierten Azomethinbindung tritt. Demnach führt die Blausäureaddition an 2H-5.6-Dihydro-1.4-thiazine (<u>5.2</u>) eindeutig zu 3-Cyanothiomorpholinen, die Addition an Thiazolothiazine (<u>5.3</u>) zu Perhydro-3-cyano-thiazolo-thiazinen. Die Blausäureaddition an die Enaminstruktur der 4H-5.6-Dihydro-1.4-thiazine führt, wie eigene Untersuchungen[2] zeigen und durch Analogbeispiele aus der Literatur[8] und eigenen Arbeiten[9-11] belegt werden kann, ebenfalls zu 3-Cyanothiomorpholinen.

Die von uns aus 2H- bzw. 4H-5.6-Dihydro-1.4-thiazinen dargestellten 3-Cyanothiomorpholine enthält Tabelle 5,1; die aus Thiazolothiazinen erhaltenen Perhydro-3-cyano-thiazolothiazine sind in Tabelle 5.2 zusammengefaßt. Bei den erhaltenen Verbindungen handelt es sich um farblose, kristalline Substanzen hoher Stabilität.

Tabelle 5.1: 3-Cyano-thiomorpholine aus 2H-5.6-Dihydro-1.4-thiazinen und aus 4H-5.6-Dihydro-1.4-thiazinen

5.6-Dihydro-1.4-thiazin	3-Cyanothiomorpholin				Schmp. °C (Lsgsm.)	Ausbeute % d. Th.
	R_1	R_2	R_3	R_4		
2.2.3-Trimethyl-	CH_3	CH_3	CH_3	H	146-148 (DPÄ^a)	95
2.2.3.5-Tetramethyl-	CH_3	CH_3	CH_3	CH_3	73-74 (DPÄ^a)	97
2.2-Dimethyl-3-phenyl-	CH_3	CH_3	C_6H_5	H	149-152 (A^b, Ä^c)	95
2.2.5-Trimethyl-3-phenyl-	CH_3	CH_3	C_6H_5	CH_3	157-160 (A^b, Ä^c)	96
2-Methyl-3-äthyl-	CH_3	H	C_2H_5	H	85-85,5 (A^b)	60
2.5-Dimethyl-3-äthyl-	CH_3	H	C_2H_5	CH_3	117-119 (A^b)	42
2.3.5-Trimethyl-	CH_3	H	CH_3	CH_3	90-92 (A^b)	6.5

a) DPÄ = Di-i-propyläther,   b) A = Aceton,   c) Ä = Äther

Tab. 5.2: Perhydro-3-cyano-thiazolo-[2.3-c][1.4]-thiazine aus Thiazolo-[2.3-c][1.4]-thiazinen

Thiazolo-[2.3-c][1.4]-thiazin	Perhydro-3-cyano-thiazolo-[2.3-c][1.4]-thiazin						Schmp. °C (Aceton)	Ausbeute % d. Th.
	R_1	R_2	R_3	R_4	R_5	R_6		
2.8-Dimethyl-3.8a-diäthyl-	CH_3	H	C_2H_5	CH_3	H	C_2H_5	95-97	81
2.2.8.8a-Pentamethyl-3-methylen-	CH_3	CH_3	CH_3	CH_3	CH_3	CH_3	118-120	93
2.8.8.8a-Tetramethyl-3-äthyl-	CH_3	CH_3	CH_3	CH_3	H	C_2H_5	122-124	96

5.21 Reaktionsverhalten der 3-Cyano-thiomorpholine bzw. der Perhydro-3-cyano-thiazolo-thiazine[2]

Alle Versuche, die in Tabl. 5.1 bzw. 5.2 aufgeführten Nitrile nach bekannten Methoden zu den betreffenden Carbonamiden zu hydrolysieren, schlugen fehl. Ebenso mißglückten Versuche, durch Addition von Schwefelwasserstoff zu den entsprechenden Thionamiden zu gelangen. In allen Fällen erhielt man die Ausgangsverbindungen zurück.[2]

Am Beispiel des 3-Cyano-2-methyl-3-äthyl-thiomorpholins konnten wir zeigen, daß die Reduktion mit Lithiumaluminiumhydrid eindeutig zum 3-Aminomethyl-2-methyl-3-äthyl-thiomorpholin (5.4) führt, dessen Struktur durch Umsetzung mit Schwefelkohlenstoff zum 1.3-Bisaza-7-thia-6-methyl-5-äthyl-bicyclo-3.4.0-monan-thion-(2) (5.5) sichergestellt wurde (Gl. 5.2).

$$\underset{\underline{5.4}}{\begin{array}{c}H\\N\end{array}\begin{array}{c}CH_2-NH_2\\C_2H_5\\S\end{array}CH_3} \xrightarrow[-H_2S]{CS_2} \underset{\underline{5.5}}{\begin{array}{c}S=C-NH\\N\end{array}\begin{array}{c}\\C_2H_5\\S\end{array}CH_3} \qquad (5.2)$$

Die Entstehung der Verbindung <u>5.5</u> ergibt sich zwangslos als Parallele aus folgender Reaktion: Die Umsetzung von Schwefelkohlenstoff mit 1.2-Diaminen führt rasch zu N-(2-Aminoäthyl)-dithiocarbaminaten, die beim Erwärmen unter Abspaltung von Schwefelwasserstoff in Imidazolidin-2-thione übergehen.[12]

$$\begin{array}{c}CH_2-\overset{R}{N}H\\|\\CH_2-NH\\|\\R\end{array} + CS_2 \longrightarrow \begin{array}{c}CH_2-\overset{R}{\overset{\oplus}{N}H_2}\\|\\CH_2-\underset{R}{N}-C\overset{S}{\underset{S_\ominus}{\nwarrow}}\end{array} \xrightarrow{-H_2S} \begin{array}{c}\overset{R}{N}\\CH_2\quad C=S\\|\quad\quad|\\CH_2-N-R\end{array} \qquad (5.3)$$

Rührt man in die acetonische Lösung des 3-Amino-2.2.3.5-tetramethyl-thiomorpholins (5.6) bei 0° C die äquivalente Menge an Schwefelkohlenstoff ein, erhält man das Dithiocarbaminat 5.7, das beim Erhitzen in Pyridin unter Abspaltung von Schwefelwasserstoff in 5.8 übergeht (Gl. 5.4).

(5.4)

5.3 Alkylsubstituierte Thiomorpholin-1-oxide und -1.1-dioxide

Die meisten in der Literatur beschriebenen Synthesen für Thiomorpholin-1-oxide bzw. -1.1-dioxide gehen von Ausgangsprodukten aus, in denen die Sulfoxid- bzw. Sulfongruppe bereits vorgegeben ist. Die Darstellung der genannten Verbindungen gelingt z.B. durch basenkatalysierte Cycloaddition von S-(1-Alkenyl)-cystein-S-oxiden und -S-dioxiden[13-16], durch Addition von primären Aminen[17-20] oder Sulfonamiden[21] an Divinylsulfon, durch Addition von Ammoniak an Diallylsulfon[22], durch Kondensation von Ammoniak oder primären Aminen mit Bis-(2-halogenäthyl)-sulfoxiden und

-sulfonen[18,23,24] oder Bis-(2-hydroxyäthyl)-sulfoxiden und -sulfonen[25], durch Umsetzung von 1.4-Oxathian-S-dioxiden mit Ammoniak oder primären Aminen[25,26] und durch Hydrierung von 1.4-Thiazin-1.1-dioxiden[27-29]. Die nachträgliche Oxydation des Thiomorpholin-Ringes ist dagegen bisher nur an Thiomorpholin-3(5)-carbonsäuren untersucht worden, die mit 30proz. H_2O_2 in Eisessig bei Raumtemp. in die entsprechenden Sulfoxide übergeführt wurden[14,30,31] (vgl. auch Kap. 4).
Nachdem wir einfache Synthesen für C-alkylierte Thiomorpholine gefunden hatten[32-36] (vgl. auch Kap. 4), studierten wir die Oxydation der Thiomorpholine zu S-Mono- und -Dioxiden. Für unsere Oxydationsversuche dienten 2-Methyl-3-äthylthiomorpholin[32] (5.9), das entsprechende Hydrochlorid (1·HCl), die N-Formyl-[32] (5.10) und die N-Acetyl-Verbindung (5.11) von 5.9 als Modellsubstanzen.

Die in der Literatur am häufigsten angewandte Methode zur Oxydation von Thioäthern zu Sulfoxiden, nämlich die Umsetzung mit 30proz. Wasserstoffperoxid, unter Verwendung von Eisessig, seltener Aceton oder Wasser als Lösungsmittel, hat sich auch zur Darstellung der Thiomorpholin-1-oxide sehr gut bewährt. Während der Zugabe der H_2O_2-Lösung wird die Temperatur vorteilhaft zwischen 0 und 5° C gehalten (intensive Kühlung!). Es genügt, die berechnete Menge Wasserstoffperoxid einzusetzen. Als Lösungsmittel werden je nach Einsatzprodukt Wasser, verd. Salzsäure oder Eisessig gewahlt. Die erwarteten Thiomorpholin-1-oxide 5.12 - 5.14 entstehen in Ausbeuten zwischen 80 und 90 % (s. Tabl. 5.3).

Tabelle 5.3 2-Methyl-3-äthylthiomorpholin-1-oxide (5.12-5.14)
durch Oxydation von 2-Methyl-3-äthylthiomorpholin
(5.9) und dessen Derivaten (5.9 · HCl, 5.10, 5.11)
mit 30proz. H_2O_2

$$\underset{5.9 - 5.11\ (\cdot HCl)}{\begin{array}{c}R\\|\\C_2H_5-\overset{}{N}\\CH_3-\underset{S}{}\end{array}} \xrightarrow[0-5\ °C]{30\ proz.\ H_2O_2} \underset{5.12 - 5.14}{\begin{array}{c}R\\|\\C_2H_5\overset{}{\underset{}{N}}\\CH_3\underset{\underset{O}{\|}}{S}\end{array}}$$

Thiomorpholin		Lösungsmittel	Sulfoxid			
Nr.	R		Nr.	R	Ausb., % d.Th.	Sdp. °C/Torr
5.9	H	--	5.12	H	87	95/0,05
5.9·HCl	H·HCl	verd.HCl	5.12	H	84	95/0,05
5.10	HC=O	H_2O	5.13	HC=O	83	135/0,04
5.11	$CH_3C=O$	CH_3COOH	5.14	$CH_3C=O$	80	143/0,08

Konstante Bedingungen: Einsatz: 0,1 Mol Thiomorpholin (5.9, 5.9·HCl, 5.10, 5.11),11,4 g (0,1 Mol) 30proz. H_2O_2 und 200 ml Lösungsmittel; Reakt.-Temp.: während der H_2O_2-Zugabe 0-5°C, dann 18 Stdn. bei Raumtemp.

Führt man die Oxydation bei 50°C durch, nimmt die Ausbeute an jeweiligem Sulfoxid auf 43-62% ab, da als Nebenprodukte schon merkliche Mengen an ensprechenden Sulfonen entstehen. Selbst bei 0°C läßt sich die Bildung der Sulfone nicht ganz vermeiden, der Anteil an Sulfon liegt dann aber unter 5%.

Bei Einsatz des Hydrochlorids von 5.9 in die H_2O_2-Oxydation konnte
das erwartete 2-Methyl-3-äthylthiomorpholin-1-oxid-hydrochlorid
(5.12·HCl) nicht isoliert werden; das Reaktionsrohprodukt wurde
daher mit Natronlauge behandelt und in das freie Sulfoxid 5.12
übergeführt.

Die Umsetzung des 2-Methyl-3-äthylthiomorpholin-1-oxids (5.12)
mit 99proz. Ameisensäure liefert 93% 5.13, die Acetylierung von
5.12 mit Essigsäureanhydrid 88% 5.14. Umgekehrt lassen sich 5.13
und 5.14 mit verd. Salzsäure glatt zu 5.12 verseifen (Ausb. 76
bzw. 73%).

Zur Darstellung der Thiomorpholin-1.1-dioxide (5.15-5.17)(s.Tab.
5.4) durch Oxydation der Thiomorpholine 5.9-5.11 sind drastischere
Reaktionsbedingungen als bei der Herstellung der Sulfoxide erforderlich.
Die Umsetzung von 5.9 bzw. 5.9·HCl mit 30proz. Wasserstoffperoxid
bei 50°C liefert 41 bzw. 44% 2-Methyl-3-äthylthiomorpholin-1.1-
dioxid (5.15). Höhere Reaktionstemperaturen (100°C) und ein Überschuß an Oxydationsmittel führen zu einer Verschlechterung der
Ausbeute an 5.15, da das Thiomorpholingerüst unter diesen drastischen Bedingungen größtenteils zerstört wird. Dagegen lassen sich
das N-Formyl- (5.10) und das N-Acetyl-2-methyl-3-äthylthiomorpholin (5.11) mit überschüss. 30proz. Wasserstoffperoxid in Ameisensaure bzw. Eisessig auch bei 100°C ohne merkliche Zersetzung oxydieren. Die entsprechenden Sulfone 5.16 und 5.17 entstehen dabei
in 62- bzw. 54proz. Ausbeute.

Wesentlich bessere Ausbeuten an 5.16 (93%) bzw. 5.17 (73%) erhält
man, wenn man an Stelle des 30proz. mit überschüss. 85proz. Wasserstoffperoxid bei 100°C oxydiert. Da die saure Verseifung von 5.16
und 5.17 zu 2-Methyl-3-äthylthiomorpholin-1.1-dioxid 5.15 in etwa 90proz. Ausbeute verläuft, läßt sich über diesen Umweg auch
5.15 leicht und in guten Ausbeuten darstellen (Tab. 5.4).

Das über 2-Methyl-3-äthyl-5.6-dihydro-4H-1.4-thiazin dargestellte
2-Methyl-3-äthylthiomorpholin 5.9 ist ein Gemisch der cis- und
trans-Isomeren (5.9a bzw. 5.9b)[33], die ihrerseits wahrscheinlich
als Gleichgewichtsmischungen der möglichen Konformeren vorliegen.

Bei der Oxydation des Thiomorpholins 5.9 zum Sulfoxid 5.12 war zu
erwarten, daß sich die Zahl der Stereoisomeren verdoppelt, da die
Sulfoxidgruppe sowohl eine äquatoriale als auch eine axiale Konformation annehmen kann[31]. Die gaschromatographische Analyse von
5.12 bestätigte unsere Erwartungen, denn es treten vier trennbare Komponenten auf. Auch die aus der Verseifung des N-Formyl-(5.13)
und N-Acetyl-sulfoxids (5.14)erhaltenen Sulfoxide (5.12) sind Gemische von vier stereoisomeren Verbindungen. Durch Oxydation der
einzelnen Isomeren 5.9a und 5.9b mit 30proz. Wasserstoffperoxid
erhält man die sich von 5.9a bzw. 5.9b ableitenden isomeren Sulfoxide $\underline{5.12a_1}$ und $\underline{5.12a_2}$ bzw. $\underline{5.12b_1}$ und $\underline{5.12b_2}$, wobei jeweils

eines bevorzugt entsteht (> 70%). Die beiden in untergeordnetem
Maße auftretenden Sulfoxide sind, wie wir beobachteten, thermisch
instabil und zersetzen sich auf ungeklärte Weise.

Da die Konfigurationszuordnung von 5.9a und 5.9b noch nicht endgültig abgeschlossen und außerdem die präparative Trennung der
vier Sulfoxide bisher nicht gelungen ist, können wir zur Zeit noch
nichts über die Konfiguration der Sulfoxide aussagen.

Tabelle 5.4 2-Methyl-3-äthylthiomorpholin-1.1-dioxide (5.15-5.17) durch Oxydation von
2-Methyl-3-äthyl-thiomorpholin (5.9) und dessen Derivaten (5.9·HCl, 5.10, 5.11)[a]

$$\underline{5.9} - \underline{5.11} (\cdot HCl) \xrightarrow[50-100\ °C]{30-85\ proz.\ H_2O_2}$$

[Struktur: 2-Methyl-3-ethyl-thiomorpholin-1,1-dioxid mit R-N, C₂H₅, CH₃, S(=O)=O]

Thiomorpholin[b]		H_2O_2		Lösungsmittel	Reakt.-Temp., °C	Sulfon			
Nr.		Gew %	Mol			Nr.	R	Ausb. % d.Th.	Sdp. °C/Torr
5.9		30	0,2	--	50	5.15	H	41	117/0,05
5.9·HCl		30	0,2	verd.HCl	50	5.15	H	46	117/0,05
5.10		30	0,4	HCOCH	100	5.16	HC=O	62	145/0,05
5.10		85	0,4	HCOCH	100	5.16	HC=O	93	145/0,05
5.11		30	0,4	CH₃COOH	100	5.17	CH₃C=O	54	158/0,04[c]
5.11		85	0,4	CH₃COOH	100	5.17	CH₃C=O	73	158/0,04[c]

[a] Konstante Bedingungen: Einsatz: 0,1 Mol Thiomorpholin (5.9-5.11·HCl) und 200 ml Lösungsmittel; Reakt.-Zeit 24 Stdn.

[b] Vgl. Tab. 5.3.

[c] Kristallisiert in der Vorlage aus; Schmp. 112°C.

Das durch Oxydation von 5.9 bzw. durch Verseifung des N-Formyl-(5.16) und N-Acetylsulfons 5.17 dargestellte 2-Methyl-3-äthylthiomorpholin-1.1-dioxid 5.15 besteht erwartungsgemäß - wie 5.9 - aus nur zwei Stereoisomeren, da an der Sulfongruppe keine Asymmetrie vorliegen kann.

5.31 Reaktionen mit 2-Methyl-3-äthylthiomorpholin-1-oxid (5.12) und 2-Methyl-3-äthylthiomorpholin-1.1-dioxid (5.15)

In Fortführung unserer Untersuchungen über die Umsetzung von Thiomorpholin-Abkömmlingen mit Cyanurchlorid haben wir auch 5.12 und 5.15 nach von Campbell und Hatton[37] beschriebenen Arbeitsvorschriften mit Cyanurchlorid kondensiert. Je nach Wahl der Reaktionstemperatur (0 bzw. 50°C) und der Mengenverhältnisse der Reaktionspartner erhält man entweder die 2-Amino-4.6-dichloro- (5.18, 5.19) oder die 2.4-Diamino-6-chloro-s-triazine (5.20, 5.21) auf Basis von 5.12 und 5.15 in Ausbeuten um 80%. Die Verbindungen fallen als ölige Rohprodukte an, die sich erst nach Reinigung zur Kristallisation bringen lassen.

5.18 (X=O) :82%,Schmp. 210°C   5.20 (X=O): 76%,Schmp. 168°C
5.19 (X=O$_2$):83%,Schmp. 165°C   5.21 (X=O$_2$):80%,Schmp. 145°C

Die Verbindungen 5.18-5.21 wurden mit Äthylamin, sek.-n-Butylamin und Isobutylamin in siedendem Benzol zu 2.4.6-Triamino-s-triazinen umgesetzt, die ausschließlich als viskose Öle anfallen und sich teilweise gar nicht (die Melamine auf Basis von 5.18 und 5.19) oder nur unter erheblichen Verlusten (die Melamine 5.22-5.27 [s. Tab. 5.5] auf Basis von 5.20 und 5.21)

Tabelle 5.5   2.4.6-Triamino-s-triazine (5.22-5.27) durch Umsetzung von 2.4-Diamino-6-chloro-s-triazinen (5.20, 5.21) mit primären Aminen[a]

Nr.		R[1]	R[2]	R[3]	Formel[b]	Rohausbeute g	% d.Th.	Reinprodukt Ausb.,%	Schmp., °C[c]
	-4.6-bis(2-methyl-3-äthyl-thiomorpholin-1-oxido)-s-triazin								
5.22	2-Äthylamino	A[d]	A	C_2H_5-NH	$C_{19}H_{34}N_6O_2S_2$	40,6	92	6	152
5.23	2-sec-Butylamino	A	A	C_2H_5>CH-NH CH_3	$C_{21}H_{38}N_6O_2S_2$	44,2	96	55	121
5.24	2-i-Butylamino	A	A	$(CH_3)_2CH-CH_2$-NH	$C_{21}H_{38}N_6O_2S_2$	43,7	95	35	79
	-4.6-bis(2-methyl-3-äthyl-thiomorpholin-1.1-dioxido)-s-triazin								
5.25	Äthylamino	B[e]	B	C_2H_5-NH	$C_{19}H_{34}N_6O_4S_2$	41,6	90	8	137
5.26	2-sec.-Butylamino	B	B	C_2H_5>CH-NH CH_3	$C_{21}H_{38}N_6O_4S_2$	41,9	83	40	109
5.27	2-i-Butylamino	B	B	$(CH_3)_2CH-CH_2$-NH	$C_{21}H_{38}N_6O_4S_2$	44,8	89	33	68

[a] Konstante Reaktionsbedingungen: Ansatz: 0,1 Mol 2.4-Diamino-6-chloro-s-triazin (43,4 g 5.20 bzw. 46,6 g 5.21; "Diamino" entsprechend R1 und R2) und 0,1 Mol Amin (entsprechend R3) in Gegenwart von 4,0 (0,1 Mol) NaOH in 100 ml Benzol Reakt.-Zeit: 18 Stdn.; Reakt.-Temp. 80°C.

[b] Alle angegebenen Bruttoformeln sind durch CH-, N und S-Bestimmung gesichert; in den meisten Fällen wurde auch das MG (ebull. in Aceton) überprüft.

[c] Umkristallisiert aus Benzol/Petroläther (63-80°).

[d] $A = -N\underset{C_2H_5}{\overset{\diagup S=O}{\diagdown CH_3}}$ [e] $B = -N\underset{C_2H_5}{\overset{\diagup S(=O)_2}{\diagdown CH_3}}$

reinigen lassen; destillative Aufarbeitung dieser Melamine ist
- im Gegensatz zu den Melaminen auf Basis der nicht oxydierten
Thiomorpholine[38] - nicht möglich, da quantitative Zersetzung
eintritt.

Wie die Melamine lassen sich auch die 2-Amino-4.6-dialkoxy-s-
triazine ("Ammelidäther") und die 2.4-Diamino-6-alkoxy-s-tria-
zine ("Ammelinäther") auf Basis von 5.18-5.21 und Alkoholen entweder nicht (z.B. die Ammelidäther auf Basis von 5.18)oder nur
unter großen Verlusten analysenrein gewinnen. Sie sind meist
hochviskose Öle, die nicht unzersetzt destillierbar sind. Die
in analysenreiner Form erhaltenen Ammelid- und Ammelinäther
(5.28-5.34) sind in Tab. 5.6 zusammengestellt.

$$R^1 - \underset{N}{\overset{N}{\underset{\|}{\bigwedge}}}\overset{R^2}{\underset{N}{\bigwedge}} R^3 \qquad 5.22 - 5.34$$

Die Umsetzung des 2-Methyl-3-äthylthiomorpholin-1-oxids (5.12)
mit Isocyanaten und Isothiocyanaten in benzolischer Lösung zu
den entsprechenden Harnstoff- und Thioharnstoffderivaten gelingt erwartungsgemäß glatt. Die relativ mäßigen Ausbeuten sind
auch hier darauf zurückzuführen, daß die Reaktionsprodukte, bedingt durch das Vorliegen von Stereoisomerengemischen, als Öle
anfallen, die nur destillativ unter z.T. erheblichen Verlusten
aufgearbeitet werden können. Tab. 5.7 faßt die von uns auf Basis
von 5.12 dargestellten Harnstoff- und Thioharnstoff-Abkömmlinge
(5.35-5.42) zusammen.

Dagegen fällt das Phenylcarbamoylderivat (5.43;Schmp. 119-122°C)
des 2-Methyl-3-äthylthiomorpholin-1.1-dioxids (5.15) kristallin an (Ausb. 56%).

Tabelle 5.6 2-Amino-4.6-dialkoxy-s-triazine (5.28-5.30) und 2.4-Diamino-6-alkoxy-s-triazine (5.31-5.34) durch Umsetzung von 2-Amino-4.6-dichloro-s-triazin (5.19) und 2.4-Diamino-6-chloro-s-triazinen (5.20, 5.21) mit Natriumalkoholaten[a]

Nr.	-s-triazin	R^1	R^2	R^3	Formel[b]	Rohausbeute g	%d.Th	Reinprodukt Ausb.,%	Sdp. °C/Torr
5.28	2.4-Dimethoxy-6-(2-methyl-3-äthyl-thiomorpholin-1.1-dioxido)-	B[c]	CH_3O	CH_3O	$C_{12}H_{20}N_4O_4S$	25,1	79	17	165/0,04
5.29	2.4-Diäthoxy-6-(2-methyl-3-äthyl-thiomorpholin-1.1-dioxido)-	B	C_2H_5O	C_2H_5O	$C_{14}H_{24}N_4O_4S$	29,1	85	13	178/0,05
5.30	2.4-Disopropoxy-6-(2-methyl-3-äthyl-thiomorpholin-1.1-dioxido)-	B	$(CH_3)_2CHO$	$(CH_3)_2CHO$	$C_{16}H_{28}N_4O_4S$	35,7	96	9	192/0,02
5.31	2-Methoxy-4.6-bis(2-methyl-3-äthyl-thiomorpholin-1-oxido)-	A[d]	A	CH_3O	$C_{18}H_{31}N_5O_3S_2$	35,0	82	17	132/0,02
5.32	2-Aethoxy-4.6-bis(2-methyl-3-äthyl-thiomorpholin-1-oxido)-	A	A	C_2H_5O	$C_{19}H_{33}N_5O_3S_2$	35,7	81	10	152/0,04
5.33	2-Isopropoxy-4.6-bis(2-methyl-3-äthyl-thiomorpholin-1-oxido)-6-	A	A	$(CH_3)_2CHO$	$C_{20}H_{35}N_5O_3S_2$	38,8	85	15	167/0,02
5.34	2-Aethoxy-4.6-bis(2-methyl-3-äthyl-thiomorpholin-1.1-dioxido)-	B	B	C_2H_5O	$C_{19}H_{33}N_5O_5S_2$	42,0	88	12	117/0,02

[a] Konstante Reaktionsbedingungen: Ansatz: a) für 5.28-5.30: 32,5 g (0,1 Mol) 2-(2-Methyl-3-äthyl-thiomorpholin-1.1-dioxido)-4.6-dichloro-s-triazin und 0,2 Mol Na-alkoholat (entsprechend R^3) in 100 ml R3OH; b) für 5.31-5.34: 0,1 Mol 2.4-Diamino-6-chloro-s-triazin (43,4 g 5.20 bzw. 46,6 g 5.21; "Diamino" entsprechend R^1 und R^2) und 0,1 Mol Na-alkoholat (entsprechend R^3) in 100 ml R3OH. Reakt.-Zeit: 24 Stdn.; Rückflußtemperatur.

[b] Alle angegebenen Bruttoformeln sind durch CH-, N- und S-Bestimmung gesichert; in den meisten Fällen wurde auch das MG (ebull. in Aceton) überprüft.

[c] $B = -N\underset{C_2H_5}{\underset{|}{}}\overset{S=O}{\underset{S=O}{}}CH_3$ [d] $A = -N\underset{C_2H_5}{\underset{|}{}}\overset{S=O}{}CH_3$

Tabelle 5.7 2-Methyl-3-äthyl-4-alkyl (bzw. -aryl)-carbamoyl (bzw. -thiocarbamoyl)-thiomorpholin-1-oxide (5.35-5.42) durch Addition von 2-Methyl-3-äthylthiomorpholin-1-oxid (5.12) an Isocyanate bzw. Isothiocyanatea

$$O=S\diagdown N-\overset{\overset{X}{\|}}{C}-NH-R \qquad \underline{5.35 - 5.42}$$
$$CH_3\; C_2H_5$$

Isocyanat bzw. Isothiocyanat	2-Methyl-3-äthyl-4-...thiomorpholin-1-oxid				Rohausb.		Reinprodukt	
	Nr.		X	R	g	% d.Th.	Ausb. %	Sdp. °C/Torr
$CH_3-N=C=O$	5.35	methylcarbamoyl	O	CH_3	21,4	98	79	119-123/0,15
$CH_3-(CH_2)_{13}-N=C=O$	5.36	n-tetradecylcarbamoyl	O	$CH_3-(CH_2)_{13}$	34,3	86	37	159-161/0,1
$c-C_6H_{11}-N=C=O$	5.37	cyclohexylcarbamoyl	O	$c-C_6H_{11}$	24,1	84	58	136/0,1
$C_6H_5-N=C=O$	5.38	phenylcarbamoyl	O	C_6H_5	25,8	92	61	131-133/0,2
$4-Cl-C_6H_4-N=C=O$	5.39	4-chlorphenylcarbamoyl	O	$p-Cl-C_6H_4$	21,6	69	39	142-143/0,25
$CH_3-N=C=S$	5.40	methylthiocarbamoyl	S	CH_3	7,9	34	17	133/0,1
$c-C_6H_{11}-N=C=S$	5.41	cyclohexylthiocarbamoyl	S	$c-C_6H_{11}$	15,1	50	31	151/0,1
$C_6H_5-N=C=S$	5.42	phenylthiocarbamoyl	S	C_6H_5	25,4	86	59	147/0,1

Formel[b]: $C_9H_{18}N_2O_2S$; $C_{22}H_{44}N_2O_2S$; $C_{14}H_{26}N_2O_2S$; $C_{14}H_{20}N_2O_2S$; $C_{14}H_{19}N_2O_2SCl$; $C_9H_{18}N_2OS_2$; $C_{14}H_{26}N_2OS_2$; $C_{14}H_{20}N_2OS_2$

[a] Konstante Reaktionsbedingungen: Ansatz: 16,1 g (0,1 Mol) 5.12 und 0,1 Mol Isocyanat bzw. Isothiocyanat in 50 ml Benzol als Lösungsmittel; Arbeitsweise: Isocyanat bzw. Isothiocyanat bei Raumtemp. zutropfen, dann 1,5 (5.35-5.39) bzw. 2 Stdn. (5.40-5.42) unter Rückfluß ausreagieren lassen.

[b] Die angegebenen Bruttoformeln wurden durch CH-, N-, S-, und (gegf.)Cl-Bestimmung gesichert; alle MG wurden ebullioskopisch in geeigneten Lösungsmitteln (Aceton, Benzol, CHCl₃) überprüft.

$$O_2S\diagup\diagdown N-\overset{O}{\overset{\|}{C}}-NH-C_6H_5 \quad \underline{5.43}$$
$$CH_3\ C_2H_5$$

Während die Addition von (5.12) an 1.4-Phenylendiisocyanat und 2.6-Toluylendiisocyanat ölige Reaktionsprodukte ergab, die weder zur Kristallisation gebracht noch destillativ aufgearbeitet werden konnten (Zersetzung), liefert die Umsetzung mit 2.4-Toluylendiisocyanat ein kristallines Diharnstoff-Addukt (5.44) in 81proz. Ausbeute. Auch die entsprechende Verbindung (5.45) auf Basis von 2.4-Toluylendiisocyanat und (5.15) fällt kristallin an (Ausb. 66%).

$$XS\diagup\diagdown N-\overset{O}{\overset{\|}{C}}-NH\diagup\diagdown\overset{CH_3}{}NH-\overset{}{\overset{}{C}}-N\diagup\diagdown SX$$
$$CH_3\ C_2H_5\overset{\|}{O}C_2H_5\ CH_3$$

$\underline{5.44}\ (X=O),\quad \underline{5.45}\ (X=O_2)$

Versuche, durch Umsetzung des rohen 2-Methyl-3-äthylthiomorpholin-1-oxid-hydrochlorids mit Kaliumcyanat bzw. Kaliumrhodanid die entsprechenden monosubstituierten Harnstoff- bzw. Thioharnstoffderivate von (5.12) darzustellen, scheitern an der Reinigung der Rohprodukte. Dagegen ließ sich das Reaktionsprodukt aus der Umsetzung des rohen 2-Methyl-3-äthylthiomorpholin-1.1-dioxid-hydrochlorids mit Kaliumcyanat durch Sublimation analysenrein gewinnen; das 2-Methyl-3-äthyl-4-carbamoylthiomorpholin-1.1-dioxid (5.46) entsteht in 50proz. Ausbeute.

$$O_2S\diagup\diagdown N-\overset{O}{\overset{\|}{C}}-NH_2 \quad \underline{5.46}$$
$$CH_3\ C_2H_5$$

5.4 Mannichbasen der Thiomorpholine[38]

In der Literatur sind nur wenige Mannichbasen beschrieben, die das Thiomorpholinsystem als Aminkomponente enthalten, z.B. 1-(4-n-Propyloxyphenyl. bzw. 4-n-Propylthiophenyl)-3-(4-thiomorpholinyl)-1-propanon, die lokalanästhetische Wirkung zeigen[39].

Durch Kondensation von Thiomorpholinen (als Hydrochloride eingesetzt) mit Acetophenon bzw. Propiophenon (als CH-acide Komponenten) und Paraformaldehyd (als Carbonylkomponente) haben wir eine Reihe bisher unbekannter Mannichbasen-hydrochloride sowie nach Behandeln mit Alkali die entsprechenden freien Mannichbasen hergestellt (s. Tab. 5.8).

$$C_6H_5-\underset{O}{\underset{\|}{C}}-CH_2-R^1 + CH_2=O + \left[H_2\overset{\oplus}{N} \diagup\!\!\diagdown S \atop R^3 \quad R^2 \right] Cl^{\ominus} \xrightarrow[\text{sied.}C_2H_5OH]{[H^{\oplus}]}$$

$$\xrightarrow[\text{sied.}C_2H_5OH]{[H^{\oplus}]} \left[C_6H_5-\underset{\|}{\overset{O}{C}}-\underset{R^1}{\overset{}{C}H}-CH_2-\overset{H}{\underset{\oplus}{N}} \diagup\!\!\diagdown S \atop R^3 \quad R^2 \right] Cl^{\ominus} \xrightarrow{OH^{\ominus}} \quad (5.5)$$

$$\xrightarrow{OH^{\ominus}} C_6H_5-\underset{\|}{\overset{O}{C}}-\underset{R^1}{\overset{}{C}H}-CH_2-N \diagup\!\!\diagdown S \atop R^3 \quad R^2$$

<u>5.44</u>

(R^1, R^2 und R^3: siehe Tab. 5.8)

Bei den Mannichbasen-hydrochloriden handelt es sich mit Ausnahme von 5.43e und 5.43f, die nicht zur Kristallisation gebracht werden konnten, um farblose kristalline Substanzen; die freien Mannichbasen sind farblose bis schwach gelb gefärbte Öle, die sich im Vakuum destillieren lassen. 5.44a und 5.44b, die Derivate des unsubstituierten Thiomorpholins, erstarren nach kurzem Stehenlassen bei Raumtemp.

Tabelle 5.8 Mannichbasen-hydrochloride und Mannichbasen (5.44a-f) aus Arylalkylketonen, Paraformaldehyd und Thiomorpholin-hydrochloriden[a]

5.43 bzw. 5.44	R^1	R^2	R^3	Ausb.an 5.43[b] g	% d.Th.	Schmp. °C	Ausb.an 5.44[c] g	% d.Th.[d]	Sdp. °C/Torr	Schmp. °C	Summenformeln der Basen
a	H	H	H	40,8	75	181,5-183	36,8	78	136-138/0,5	48-50	$C_{13}H_{17}NOS$
b	CH$_3$	H	H	39,4	69	164-164,5	37,2	75	134-135/0,25	51-51,5	$C_{14}H_{19}NOS$
c	H	C$_2$H$_5$	H	48,2	81	164-164,5	43,6	83	133-135/0,25		$C_{15}H_{21}NOS$
d	CH$_3$	C$_2$H$_5$	H	43,0	69	167,5-169,5	42,4	77	131-133/0,2		$C_{16}H_{23}NOS$
e	H	CH$_3$	C$_2$H$_5$ (33,2)[f]	(53)[f]	Öl[g]	28,2	51	62-65/0,04		$C_{16}H_{23}NOS$
f	CH$_3$	CH$_3$	C$_2$H$_5$ (20,4)[f]	(35)[f]	Öl[g]	15,0	26	120-126/0,2		$C_{17}H_{25}NOS$

[a] Ansatz: 0,2 Mol Arylalkylketon (R^1-CH$_2$-CO-C$_6$H$_5$), 0,75 Mol Formaldehyd (in Form von Paraformaldehyd), 0,2 Mol Thiomorpholinhydrochlorid und 5 ml konz. HCl in 100 ml Äthanol.

[b] Nach Umkristallisation.

[c] Nach Destillation.

[d] Bez. auf eingesetztes Arylalkylketon; die Mannichbasen-hydrochloride wurden nicht isoliert, sondern mit 2n-NaOH in die freien Mannichbasen übergeführt.

[e] Bei den freien Basen 5.44 wurde die angegebene Summenformel durch Analyse (CH,N,S,MG in Benzol) gesichert. Auch die Hydrochloride gaben einwandfreie Werte (statt der MG-Bestimmungen wurde hier Cl bestimmt).

[f] Rohprodukt.

[g] Konnte nicht zur Kristallisation gebracht werden.

5.5 s-Triazin-Derivate der Thiomorpholine

Unter geeigneten Bedingungen lassen sich die drei Chloratome des Cyanurchlorids stufenweise durch Amine stubstituieren. Die in der Literatur[40] häufig erwähnte Regel, daß das erste Chloratom bei 0 °C, das zweite bei 30-50 °C und das dritte bei 90-100 °C ausgetauscht wird, läßt sich nicht allgemein anwenden. Vielmehr wird die Reaktivität der Chloratome von sterischen Faktoren und der Basizität des verwendeten Amins stark beeinflußt. Cyanurchloridderivate auf Basis von alkylierten Thiomorpholinen als Aminkomponente waren bisher nicht bekannt.

Nach einer Vorschrift von Campbell und Hatton[37] zur Darstellung von 2-Amino-4.6-dichloro-s-triazinen haben wir Thiomorpholine bei 0-5 °C in wäßr. Aceton mit Cyanurchlorid umgesetzt, wobei die bei der Reaktion freiwerdende Salzsäure durch Zugabe der äquivalenten Menge NaOH abgefangen wurde. Man erhält die erwarteten 2-Amino-4.6-dichloro-s-triazine (5.45a-d) als Rohprodukte nahezu quantitativ und nach Umkristallisation aus Petroläther bzw. Petroläther-Benzol-Gemischen in guten Ausbeuten als farblose, kristalline Verbindungen (s. Tab. 5.9).

$$\text{Cl-triazin-Cl} + X-H \xrightarrow[\text{0-5 °C} \atop -HCl\,[NaOH]]{\text{Aceton}/H_2O} \text{X-triazin-Cl} \qquad (5.6)$$

5.45 a-d

Ausgehend von 5.45a, c, und d haben wir durch Umsetzung mit verschiedenen sekundären Aminen in wäßrigem Aceton bei 50 °C (nach[37]) einige 2.4-Diamino-6-chloro-s-triazine (5.46a-l) dargestellt (s. Tab. 5.10). Betreffs der in den Tab. 5.10-5. und im Text für die Substituenten R^4, R^5 und R^6 verwendeten Abkürzungen (A, B usw.) wird auf die Anmerkung zu Tab. 5.9 verwiesen. Außer den dort angegebenen Symbolen wird noch E für den Morpholinorest, F für die Dimethylaminogruppe verwendet, ferner G für $NH-C_{10}H_{21}$, H für $NH-C_{12}H_{25}$, J für $NH-C_{14}H_{29}$, K für $NH-C_{16}H_{33}$, L für $NH-C_{18}H_{37}$.

$$R^4-\underset{\underset{Cl}{|}}{\underset{N}{\diagup}}\overset{N}{\underset{N}{\diagdown}}Cl + R^5-H \xrightarrow[50°C, -HCl[NaOH]]{Aceton/H_2O} R^4-\underset{\underset{Cl}{|}}{\underset{N}{\diagup}}\overset{N}{\underset{N}{\diagdown}}R^5 \quad (5.7)$$

Auch in diesem Falle liegen die Rohausbeuten durchweg über 90%. Die Reinigung der Produkte gelingt entweder durch Umkristallisation aus geeigneten Lösungsmitteln oder durch schonende Destillation im Vak. Die meisten der von uns dargestellten 2.4-Diamino-6-chloro-s-triazine weisen eine bemerkenswerte thermische Stabilität auf. Lediglich das 2-Chloro-4-(2-äthylthiomorpholino)-6-(thiomorpholino)- (5.46d) und das 2-Chloro-4.6-bis-(2-äthylthiomorpholino)-s-triazin (5.46e) zersetzen sich bei der Destillation. Die Bildung von 5.46d und 5.46e ist aber durch weitere Umsetzung mit Aminen zu Triamino-s-triazinen (5.47f-i) bzw. mit Methanol zu "Ammelinäthern" (5.50d und 5.50e) (s. unten) eindeutig bewiesen.

Tabelle 5.9 6-Amino-2.4-dichloro-s-triazine (5.45 a-d) durch Umsetzung von Cyanurchlorid mit Thiomorpholinen[a]

5.45	...2.4-dichloro-s-triazin	Summenformel[b]	X	Ausbeute[c] g	% d.Th.	Schmp. °C
a	6-Thiomorpholino-	$C_7H_8Cl_2N_4S$	-N⟨S⟩ (= A)	17,8	71	156,5-157
b	6-(2-Methylthiomorpholino)-	$C_8H_{10}Cl_2N_4S$	-N⟨S⟩ (= B) CH$_3$	15,2	57	148-148,5
c	6-(2-Äthylthiomorpholino)-	$C_9H_{12}Cl_2N_4S$	-N⟨S⟩ (= C) C$_2$H$_5$	18,7	67	95,5-97,5
d	6-(2-Methyl-3-äthylthio-morpholino)-	$C_{10}H_{14}Cl_2N_4S$	-N⟨S⟩ (= D) H$_5$C$_2$ CH$_3$	21,3	72	146-149

[a] Konstante Reaktionsbedingungen.
    Ansatz: 18,4 g (0,105 Mol) Cyanurchlorid und 0,1 Mol substituiertes Thiomorpholin (entsprechend R1) in 90 ml Aceton + 40 ml H$_2$O.

[b] Die Elementaranalysen (C,H,N,S,Molgew.) stimmen mit den berechneten Werten innerhalb der erlaubten Grenzen überein.

[c] Nach Umkristallisation.

In den Verbindungen 5.46, 5.47, 5.48, 5.49 und 5.50 werden diese X als A bzw. B bzw. C bzw. D bezeichnet.

-110-

Das scheinbare Fluktuieren der Bezifferung nahe verwandter
Derivate des s-Triazins ist eine Folge der IUPAC-Regeln.

Die 2.4-Diamino-6-chloro-s-triazine (5.46 a-h, j-m) lassen
sich nach einer Arbeitsvorschrift von Campbell und Hatton[37])
durch Behandeln mit einem weiteren Äquivalent eines Amins
(entsprechend R^5 in Tab. 11) in n-Butanol bei 95° C glatt in
bisher unbekannte 2.4.6-Triamino-s-triazine (5.47 a-q) überführen (s. Tab. 11). Am Beispiel der Umsetzung von 5.46 j
mit primären Aminen zu den Melaminen 5.47 r - v (Tab. 11) haben wir festgestellt, daß man noch bessere Ausbeuten erzielt,
wenn in n-Butanol gearbeitet wird an Stelle von siedendem
Xylol.

$$\text{5.46 a-h, j-m} \quad + R^6\text{-H} \xrightarrow[\substack{\text{Xylol}\\140°C;\ -HCl[NaOH]}]{\substack{n\text{-Butanol}\\90-95°C;\ -HCl[NaOH]}} \quad (5.8)$$

Die in Rohausbeuten zwischen 90 und 100 % anfallenden Melamine
5.47 a - v sind im Vakuum unzersetzt destillierbar. Einige Produkte sind kistallin, andere glasartig, wieder andere harzartig
oder hochviskos.

Das tertiäre Kondensationsprodukt (5.47 w) des 2-Methyl-3-äthyl-
thiomorpholins mit Cyanurchlorid konnte unter den oben beschriebenen Bedingungen(nach[37])) nicht dargestellt werden. Statt dessen wurde das sekundäre Kondensationsprodukt (5.46 j) unumgesetzt zurückerhalten. Auch das Arbeiten in höhersiedenden Lösungsmitteln wie Xylol oder Nitrobenzol führte nicht zur Bildung des 2.4.6-Tris-(2-methyl-3-äthylthiomorpholino)-s-tria-
zins (5.47 w). Es gelang uns jedoch, in Anlehnung an eine Vor-

---

5.46 m: 2-Chloro-4-(2-methyl-3-äthylthiomorpholino)-6-(2-me-
thylthiomorpholino)-s-triazin, dargestellt aus 0,1 Mol 5.45 d
und 0,1 Mol (2-Methylthiomorpholin-hydrochlorid) bei 50 C in
Aceton (90 ml)/Wasser (40 ml).

schrift sowjetischer Autoren[41)42)], die Cyanurchlorid mit Diphenylamin bzw. Phenothiazin dreifach kondensieren konnten, 5.47 w in 38proz. Ausbeute darzustellen.

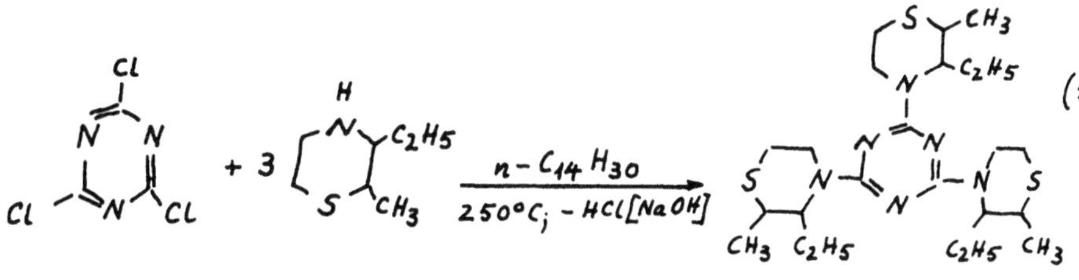

(5.9)

5.47 w

Zur Darstellung von Triamino-s-triazinen, die neben einem ankondensierten Thiomorpholin zwei Äquivalente eines zweiten Amins ($R^4 = R^5$) enthalten sollen, braucht man das entsprechende 2-Amino-4-chloro-6-thiomorpholino-s-triazin als Zwischenprodukt nicht erst gesondert herzustellen. Man kann vielmehr das 2.4-Dichloro-6-thiomorpholino-s-triazin direkt mit zwei Mol

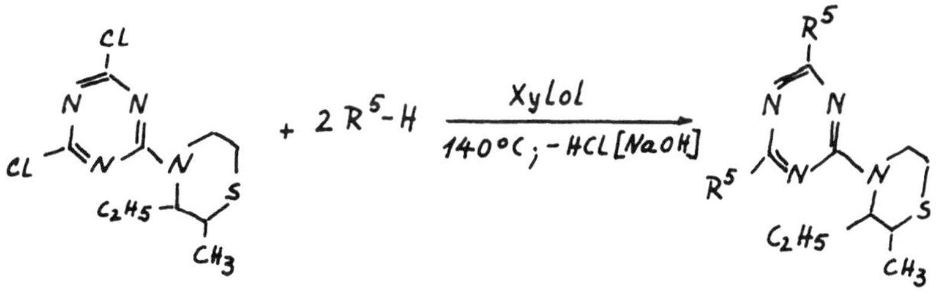

(5.10)

5.45 d   5.48 a-e

Tabelle 5.10 2.4-Diamino-6-chloro-s-triazine (**5.46** a-l) durch Umsetzung von 2-Amino-4.6-dichloro-s-triazinen (**5.46** a, c, d) mit sekundären Aminen[a]

5.46	...2-chloro-s-triazin[b]	R^4	R^5	Ausbeute[c] g	% d.Th.	Schmp. °C bzw. Sdp. °C/Torr
a	4.6-Bis(thiomorpholino)- $C_{11}H_{16}Cl_2N_5S_2$	A	A	22,8	72	199-200,5[d]
b	4-Morpholino-6-thiomorpholino- $C_{11}H_{16}Cl_2N_5OS$	A	E	21,7	72	162,5-164[e]
c	4-Dimethylamino-6-thiomorpholino- $C_9H_{14}Cl_2N_5S$	A	F	17,9	69	110-111[d]
d	4-(2-Äthylthiomorpholino)-6-thiomorpholino- $C_{13}H_{20}Cl_2N_5S_2$	C	A	(35,9)[f]	(97)[f]	Öl
e	4.6-Bis(2-äthylthiomorpholino)- $C_{15}H_{24}Cl_2N_5S_2$	C	C	(37,7)[f]	(95)[f]	Öl
f	4-(2-Äthylthiomorpholino)-6-morpholino- $C_{13}H_{20}Cl_2N_5OS$	C	E	21,9	67	201-203/0,2
g	4-(2-Äthylthiomorpholino)-6-dimethylamino- $C_{11}H_{18}Cl_2N_5S$	C	F	18,7	65	152-154/0,15
h	4-(2-Methyl-3-äthylthiomorpholino)-6-thiomorpholino- $C_{14}H_{22}Cl_2N_5S_2$	D	A	17,9	50	217-221/0,3

Fortsetzung zu Tabelle 5.10

2.4-Diamino-6-chloro-s-triazine (**5.46** a-l) durch Umsetzung von 2-Amino-4.6-dichloro-s-triazinen (**5.45** a, c, d) mit sekundären Aminen[a]

5.46 ...2-chloro-s-triazin[b]	R^4	R^5	Ausbeute[c] g	% d.Th.	Schmp. °C bzw. Sdp. °C/Torr
i 2-(2-Äthylthiomorpholino)-6-(2-methyl-3-äthylthiomorpholino)-D $C_{16}H_{26}Cl_2N_5S_2$		C	20,9	54	215-218/0,3
j 4.6-Bis(2-methyl-3-äthylthiomorpholino)- $C_{17}H_{28}Cl_2N_5S_2$	D	D	27,6	68	132,5-137,5[d]
k 4-(2-Methyl-3-äthylthiomorpholino)-6-morpholino- $C_{14}H_{22}Cl_2N_5OS$	D	E	22,6	66	197-200/0,3
l Dimethylamino-6-(2-methyl-3-äthylthiomorpholino)- $C_{12}H_{20}Cl_2N_5S_2$	D	F	21,4	71	160-161/0,29

[a] Konstante Reaktionsbedingungen   Ansatz: 0,1 Mol rohes 2-Amino-4.6-dichloro-s-triazin
    (5.45 a, c und d vgl. Tab. 5.9) ("Amino" entsprechend R4) und 0,1 Mol Amin (entsprechend R5) in
    90 ml Aceton + 40 ml H₂O.

[b] Die Elementaranalysen (C,H,N,S,Cl,Molgew.) stimmen mit den berechneten Werten innerhalb der erlaubten Grenzen überein.

[c] Bezogen auf Amin (entsprechend R5) nach Umkristallisation bzw. Destillation.

[d] Umkristallisiert aus Benzol/Petroläther (60-83°).

[e] Umkristallisiert aus Benzol.

[f] Rohprodukt

Diese Verbindung ist ein -2-chloro-s-triazin.

Tabelle 5.11   2.4.6-Triamino-s-triazine (5.47 a-v) durch Umsetzung von 2.4-Diamino-6-chloro-s-triazinen (5.46 a-h, j-m) mit primären und sekundären Aminen[a]

5.47	...s-triazin[b]	R[4]	R[5]	R[6]	Ausbeute g	Ausbeute[c] % d.Th.	Schmp. °C bzw. Sdp. °C/Torr
a	2.4.6-Tris(thiomorpholino)- $C_{15}H_{24}N_6S_3$	A	A	A	30,2	79	295-297(Zers.)[d]
b	2-Morpholino-4.6-bis(thiomorpholino)- $C_{15}H_{24}N_6OS_2$	A	A	E	24,9	68	270-272,5[d]
c	2-Dimethylamino-4.6-bis(thiomorpholino)- $C_{13}H_{22}N_6S_2$	A	A	F	20,9	64	187-189,5[d]
d	2.4-Bis(morpholino)-6-thiomorpholino- $C_{15}H_{24}N_6O_2S$	A	E	E	25,1	71	275-275,5[e]
e	2.4-Bis(dimethylamino)-6-thiomorpholino- $C_{11}H_{20}N_6S$	A	F	F	18,0	67	117-118,5[f]
f	2-(2-Äthylthiomorpholino)-4-morpholino-6-thiomorpholino- $C_{17}H_{28}N_6OS_2$	C	A	E	24,1	61	242-245/0,2
g	2.4.6-Tris(2-äthylthiomorpholino)- $C_{21}H_{36}N_6S_3$	C	C	C	30,4	65	285-287/0,7
h	2.4-Bis(2-äthylthiomorpholino)-6-morpholino- $C_{19}H_{32}N_6OS_2$	C	C	E	28,9	68	236-238/0,2
i	2.4-Bis(2-äthylthiomorpholino)-6-dimethylamino- $C_{17}H_{30}N_6S_2$	C	C	F	27,1	71	208-210/0,08
j	2-(2-Äthylthiomorpholino)-4.6-bis(morpholino)- $C_{17}H_{28}N_6O_2S$	C	E	E	26,3	69	236-239/0,06
k	2-(2-Äthylthiomorpholino)-4.6-bis(dimethylamino)- $C_{13}H_{24}N_6S$	C	F	F	19,9	67	155-156/0,15

Fortsetzung zu Tabelle 5.11

2.4.6-Triamino-s-triazine (5.47 a-v) durch Umsetzung von 2.4-Diamino-6-chloro-s-triazinen (5.46 a-h, j-m) mit primären und sekundären Aminen[a]

5.47	...s-triazin[b]	R^4	R^5	R^6	Ausbeute[c] g	% d.Th.	Schmp. °C bzw. Sdp. °C/Torr
l	2-(2-Methyl-3-äthylthiomorpholino)-4-morpholino-6-thiomorpholino- $C_{18}H_{30}N_6OS_2$	D	A	E	31,4	76	232-234/0,15
m[g]	2-(2-Methyl-3-äthylthiomorpholino)-4-(2-methyl-thiomorpholino)-6-morpholino- $C_{19}H_{32}N_6OS_2$	D	B	E	31,7	75	238/0,3
n	2.4-Bis(2-methyl-3-äthylthiomorpholino)-6-morpholino- $C_{21}H_{36}N_6OS_2$	D	D	E	37,5	83	232-233/0,15
o	2-Dimethylamino-4.6-bis(2-methyl-3-äthylthiomorpholino)- $C_{19}H_{34}N_6S_2$	D	D	F	27,0	67	204-205/0,15
p	2-(2-Methyl-3-äthylthiomorpholino)-4.6-bis(morpholino)- $C_{18}H_{30}N_6O_2S$	D	E	E	32,4	82	217-218/0,18
q	2.4-Bis(dimethylamino)-2-(2-methyl-3-äthylthiomorpholino)- $C_{14}H_{26}N_6S$	D	F	F	18,4	61	156-157/0,25
r	2-n-Decylamino-4.6-bis(2-methyl-3-äthylthiomorpholino)- $C_{27}H_{50}N_6S_2$	D	D	G	43,8	84	259/0,03
s	2-n-Dodecylamino-4.6-bis(2-methyl-3-äthylthiomorpholino)- $C_{29}H_{54}N_6S_2$	D	D	H	44,8	81	274/0,06

Fortsetzung zu Tabelle 5.11 2.4.6-Triamino-s-triazine (5.47 a-v) durch Umsetzung von 2.4-Diamino-6-chloro-s-triazinen (5.46 a-h, j-m) mit primären und sekundären Aminen[a]

5.47	...s-triazin[b]	R⁴	R⁵	R⁶	Ausbeute g	% d.Th.	Schmp. °C bzw. Sdp. °C/Torr
t	2.4-Bis(2-methyl-3-äthylthiomorpholino)-6-n-tetradecylamino- $C_{31}H_{58}N_6S_2$	D	D	J	50,4	87	288/0,05
u	2-n-Hexadecylamino-4.6-bis(2-methyl-3-äthyl-thiomorpholino)- $C_{33}H_{62}N_6S_2$	D	D	K	56,0	92	305/0,03
v	2.4-Bis(2-methyl-3-äthylthiomorpholino)-6-n-octadecylamino- $C_{35}H_{66}N_6S_2$	D	D	L	49,5	78	321/0,06

[a] konstante Reaktionsbedingungen: Verfahren A (5.47 a-q): Ansatz: 0,1 Mol rohes 2.4-Diamino-6-chloro-s-triazin (5.46 a-h, j-m vgl. Tab. 5.10); "Diamino" entsprechend R⁴ und R⁵ und 0,1 Mol Amin (entsprechend R⁶) in 100 ml n-Butanol; Reaktionstemperatur: 90-95°C; Reaktionszeit: 5 Stdn. Verfahren B (5.47 r-v): Ansatz: 0,1 Mol reines 5.46 j und 0,1 Mol Amin (entsprechend R6) in 150 ml Xylol; Reaktionstemperatur: etwa 140° C, Reaktionszeit: 18 Stdn.

[b] Die Elementaranalysen (C,H,N,S,Molgew.) stimmen mit den berechneten Werten in den erlaubten Grenzen überein.

[c] Bezogen auf Amin (entsprechend R⁶) nach Umkristallisation bzw. Destillation.

[d] Umkristallisiert aus Benzol/Petroläther (60-83°).

[e] Umkristallisiert aus Benzol.

[f] Umkristallisiert aus Petroläther (60-83°).

[g] Durch Umsetzung von rohem 2-2-Chloro-4-(2-Methyl-3-äthylthiomorpholino)-6-(2-methylthiomorpholino)-s-triazin (5.46 m) mit Morpholin; 5.46 m wurde durch Kondensation von 0,1 Mol 5.45 d (vgl. Tab. 5.9) mit 0,1 Mol 2-Methylthiomorpholin bei 50° C in Aceton (90 ml)/Wasser (40 ml) als Zwischenstufe dargestellt, jedoch nicht isoliert und wird daher nicht in Tab. 5.10 aufgeführt.

eines Amins umsetzen, wenn man z.B. in siedendem Xylol arbeitet.
Die nach diesem Verfahren durch Kondensation von 2.4-Dichloro-
6-(2-methyl-3-äthylthiomorpholino)-s-triazin (5.45 d) mit nor-
malkettigen aliphatischen Aminen dargestellten Melamine (5.48
a-e) sind in Tab. 5.12 zusammengestellt.

Bekanntlich reagieren Amino-s-triazine, die noch Chloratome
enthalten, mit Alkalialkoholaten oder mit Alkoholen in Gegenwart
von HCl-Fängern zu Ammelidäthern (2.4-Dialkoxy-6-amino-s-tria-
zine) bzw. Ammelinäthern (2-Alkoxy-4.6-diamino-s-triazine) (s.
Lit.[40], dort S. 269 ff).

Im Rahmen unserer Untersuchungen wurden in Anlehnung an eine
Vorschrift von Dudley und Mitarb.[43] durch Umsetzung der 2-Amino-

$$R^4\diagdown N\diagup OCH_3 \qquad R^4\diagdown N\diagup R^5 \qquad (5.11)$$

5.49 a-d   5.50 a-l

4.6-dichloro-s-triazine (5.45 a-d) und der 2-Chloro-4.6-diamino-
s-triazine (5.46 a-h, j-m) mit Methanol in Gegenwart stöchiometrischer Mengen NaOH bei Rückflußtemperatur erstmals Ammelidäther (5.49 a-d) und Ammelinäther (5.50 a-l) mit mindestens
einem ankondensierten Thiomorpholin-Rest synthetisiert (s.
Tab. 5.13).

Alle von uns dargestellten Ammelid- bzw. Ammelinäther sind
außergewöhnlich thermostabil. Während die Derivate des unsubstituierten Thiomorpholins (5.49 a, 5.50 a-c) in kristalliner
Form anfallen und sich gut umkristallisieren lassen, handelt

Tabelle 5.12 2.4.6-Triamino-s-triazine (5.48 a-e) durch Umsetzung von 2.4-Dichloro-6-(2-methyl-3-äthylthiomorpholino)-s-triazin (5.45 d) mit primären Aminen[a]

5.48	...s-triazin[b]	R[5]	Ausbeute[c] g	% d.Th.	Sdp. °C/Torr
a	2-(2-Methyl-3-äthylthiomorpholino)-4.6-bis-n-decylamino- $C_{30}H_{56}N_6S$	G	36,4	68	272/0,03
b	2.4-Bis-n-dodecylamino-6-(2-methyl-3-äthylthiomorpholino)- $C_{34}H_{64}N_6S$	H	37,8	64	281/0,05
c	2.4-Bis-n-tetradecylamino-6-(2-methyl-3-äthylthiomorpholino)- $C_{38}H_{72}N_6S$	J	46,6	72	330/0,08
d	2.4-Bis-n-hexadecylamino-6-(2-methyl-3-äthylthiomorpholino)- $C_{42}H_{80}N_6S$	K	39,4	56	342/0,08
e	2-(2-Methyl-3-äthylthiomorpholino)-4.6-bis-n-octadecylamino- $C_{46}H_{88}N_6S$	L	53,2	74	362/0,03

[a] Konstante Reaktionsbedingungen: Ansatz: 0,1 Mol 5.45 und 0,2 Mol Amin (entsprechend R[5]) in 150 ml Xylol; Reakt.-Temp.: etwa 140°C, Reakt.-Zeit: 18 Stdn.
[b] Die Elementaranalysen (C,H,N,S,Molgew.) stimmen mit den berechneten Werten in den erlaubten Grenzen überein.
[c] Nach Destillation

es sich bei den Abkömmlingen der C-substituierten Thiomorpholine (<u>5.49</u> b-d, <u>5.50</u> d-l) durchweg um hochviskose Öle, die nach längerem Stehen bei Raumtemperatur teilweise glasartig erstarren und sich zu farblosen Pulvern zermörsern lassen.

Tabelle 5.13   2-Amino-4.6-dimethoxy-s-triazine (5.49 a-d) durch Umsetzung von 2-Amino-4.6-dichloro-s-triazinen (5.45 a-d) mit Methanol[a]

5.49	...2.4-dimethoxy-s-triazin[b]	R^4	Ausbeute[c] g	Ausbeute[c] % d.Th.	d	Schmp. °C bzw. Sdp. °C/Torr
a	6-Thiomorpholino- $C_9H_{14}N_4O_2S$	A	16,9	70		122-123[e]
b	6-(2-Methylthiomorpholino)- $C_{10}H_{16}N_4O_2S$	B	16,9	66		144-145/0,2
c	2-(2-Äthylthiomorpholino)-* $C_{11}H_{18}N_4O_2S$	C	18,2	67		136-139/0,06
d	6-(2-Methyl-3-äthylthiomorpholino)- $C_{12}H_{20}N_4O_2S$	D	20,0	70		147-149/0,15

[a] Konstante Reaktionsbedingungen: Ansatz: 0,1 Mol rohes 2-Amino-4,6-dichloro-s-triazin (5.45 a-d) und 0,2 Mol NaOH, gelöst in 100 ml Methanol; Reakt.-Zeit: 3,5 Stdn. unter Rückfluß.

[b] Die Elementaranalysen (C,H,N,S,Molgew.) stimmen mit den berechneten Werten innerhalb der erlaubten Grenzen überein.

[c] Nach Umkristallisation bzw. Destillation.

[d] Bezogen auf 0,1 Mol eingesetztes 2-Amino-4.6-dichloro-s-triazin.

[e] Umkristallisiert aus Methanol.

* Diese Verbindung ist ein ...4.6-dimethoxy-s-triazin.

Tabelle 5.13 (Forts.) 2.4-Diamino-6-methoxy-s-triazine (5.50 a-l) durch Umsetzung von 2.4-Diamino-6-chloro-s-triazinen (5.46 a-h, j-m) mit Methanol[a]

5.50	...methoxy-s-triazin[b]	R^4	R^5	Ausbeute[c] g	% d.Th. [d]	Schmp. °C bzw. Sdp. °C/Torr
a	4.6-Bis(thiomorpholino)-2- $C_{12}H_{19}N_5OS_2$	A	A	21,4	68	142-144[e]
b	4-Morpholino-6-thiomorpholino-2- $C_{12}H_{19}N_5O_2S$	A	E	21,0	71	115,5-117[e]
c	2-Dimethylamino-6-thiomorpholino-4- $C_{10}H_{17}N_5OS$	A	F	16,3	64	83-85,5[e]
d	2-(2-Äthylthiomorpholino)-6-thiomorpholino-4- $C_{14}H_{23}N_5OS_2$	C	A	24,6	72	198-200/0,15
e	2.4-Bis(2-äthylthiomorpholino)-6- $C_{16}H_{27}N_5OS_2$	C	C	23,8	67	199/0,1
f	2-(2-Äthylthiomorpholino)-6-morpholino-4- $C_{14}H_{23}N_5O_2S$	C	E	24,6	76	195-198/0,15
g	2-(2-Äthylthiomorpholino)-4-dimethylamino-6- $C_{12}H_{21}N_5OS$	C	F	18,9	67	157-159/0,2
h	2-(2-Methyl-3-äthylthiomorpholino)-6-thiomorpholino-4- $C_{15}H_{25}N_5OS_2$	D	A	24,9	70	198-199/0,2

Tabelle 5.13 (Forts.)

5.50	...methoxy-s-triazin[b]	R[4]	R[5]	Ausbeute[c] g	% d.Th.	Schmp. °C bzw. Sdp. °C/Torr[d]
i	4-(2-Methyl-3-äthylthiomorpholino)-6-(2-methylthiomorpholino)-2- $C_{16}H_{27}N_5OS_2$	D	B	28,8	78	193-194/0,1
j	4.6-Bis(2-methyl-3-äthylthiomorpholino)-2- $C_{18}H_{31}N_5OS_2$	D	D	28,9	72	207-208/0,2
k	4-(2-Methyl-3-äthylthiomorpholino)-6-morpholino-2- $C_{15}H_{25}N_5O_2S$	D	E	22,8	67	175-177/0,06
l	2-Dimethylamino-6-(2-methyl-3-äthylthiomorpholino)-4- $C_{13}H_{23}N_5OS$	D	F	18,7	63	152-153/0,2

[a] konstante Reaktionsbedingungen: Ansatz: 0,1 Mol rohes 2.4-Diamino-6-chloro-triazin 5.46 a-h, j-l (vgl. Tab. 10), 5.46 m (vgl. Tab. 11, Anmerkung g); "Amino" entsprechend R[4] und R[5] und 0,1 Mol NaOH, gelöst in 100 ml Methanol; Reaktionszeit: 3 Stdn. unter Rückfluß.

[b] Die Elementaranalysen (C,H,N,S,Molgew.) stimmen mit den berechneten Werten innerhalb der erlaubten Grenzen überein.

[c] Nach Umkristallisation bzw. Destillation.

[d] Bezogen auf eingesetztes 2.4-Diamino-6-chloro-s-triazin.

[e] Umkristallisiert aus Benzol/Petroläther (60-83°).

5.6 Acylierung von Thiomorpholinen[44]

Die Umsetzung von Aminen mit Acylhalogeniden bzw. Carbonsäureanhydrin oder Estern zu Carbonsäureamiden ist der am häufigsten benutzte Weg zur Darstellung von Carbonsäureamiden[45].
Die Umsetzungsschwierigkeiten sind vom Acylierungsmittel abhängig:

$$RCOOR < (RCO)_2O < RCOHal$$

Um die Reaktivität des 2-Methyl-3-äthyl-thiomorpholins gegenüber Acylierungsmitteln zu untersuchen, haben wir zahlreiche Carbonsäureester, Carbonsäurechloride und Carbonsäureanhydride mit 2-Methyl-3-äthyl-thiomorpholin umgesetzt.

5.61 Umsetzung von 2-Methyl-3-äthyl-thiomorpholin mit Carbonsäurehalogeniden

Ammoniak sowie die meisten primären und sekundären Amine werden leicht durch Behandlung mit Carbonsäurehalogeniden acyliert. Aus der Literatur[46-49] ist bekannt, daß Acetylchlorid eine höhere Reaktivität zeigt, als die homologen Carbonsäurehalogeniden, bedingt durch den stärkeren +I-Effekt und der geringeren sterischen Hinderung. Folgende allgemeine Reaktivitätsreihe läßt sich bei der Acylierung von Aminen aufstellen:

$$CH_3COCl > CH_3CH_2COCl > CH_3CH_2CH_2COCl > (CH_3)_2CHCOCl$$

Bei der Umsetzung von Säurechloriden mit Aminen wird üblicherweise mit einem Überschluß eines der Reaktanden gearbeitet. Als säurebindendes Mittel wird oft das Amin im Überschuß verwendet.

Anstelle des Aminüberschusses kann man auch mit Alkalilaugen, Soda, Pyridin oder Triäthylamin als säurebindendem Mittel arbeiten. Diese als Schotten-Baumann- bzw. Einhorn-Reaktion bekannte Methode empfiehlt sich immer dann, wenn das eingesetzte Amin möglichst vollständig acyliert werden soll[50-52].

Vorversuche zur Ermittlung der optimalen Acylierungsbedingungen am Beispiel des 2-Methyl-3-äthyl-thiomorpholins zeigten, daß die Verwendung von Aceton als Lösungsmittel und von Triäthylamin als HCl-Fänger sowie eine Reaktionstemperatur von 0-5° C bei ca. 10 Stdn. Reaktionsdauer besonders günstig sind.

Die Umsetzung von Acylhalogeniden mit 2-Methyl-3-äthyl-thiomorpholin in Aceton als Lösungsmittel bietet den Vorteil, daß auch längerkettige Acylhalogenide in guten Ausbeuten reagieren, da ein inniger Kontakt zwischen dem Amin und dem hydrophoben Acylhalogenid im homogenen Reaktionsgemisch vorhanden ist. Weiterhin ist beachtenswert, daß hohe Ausbeuten an 2-Methyl-3-äthyl-4-acetyl-thiomorpholin in Gegenwart von Triäthylamin/Aceton auch ohne Überschuß an Acetylchlorid erhalten werden. Dieses Reaktionsverhalten ist bei schwer zugänglichen oder teuren Acylhalogeniden von Bedeutung, da überschüssiges Säurechlorid nicht nach beendeter Reaktion hydrolysiert und in Form der freien Carbonsäure aus dem Reaktionsgemisch entfernt werden muß. Außerdem wird durch Arbeiten im wasserfreien Medium eine Hydrolyse des Säurechlorids verhindert. Es kann deshalb mit geringeren Mengen an Säurechlorid gearbeitet werden. Das Aufarbeiten des Reaktionsgemisches gestaltet sich sehr einfach.

Die Rolle des Triäthylamins als hervorragender Säurefänger bei der Aminolyse von 2-Methyl-3-äthyl-thiomorpholin mit Acylhalogeniden erweist sich auch am Beispiel Furfurylchlorids

als Acylierungsagenz, die mit 93 % gelingt. Mit Pyridin bzw. 10 % KOH als HCl-Fänger erhält man eine Ausbeute von nur 72 % bzw. 85 %.
Verschiedene Autoren[53-57] haben die Rolle von tertiären Aminen bei der Acylierung untersucht. Das Ergebnis zeigt, daß tertiäre Amine einen katalytischen Einfluß auf den Verlauf der Umsetzung ausüben. Intermediär bilden sich Acylammoniumsalze mit einem hohen Acylierungspotential:

$$R^1COCl + R^2_3N \rightleftharpoons R^1CO\overset{+}{N}R^2_3 \; Cl^- \qquad (5.12)$$

Dieses besondere Verhalten mag die hohen Ausbeuten an Acylthiomorpholinen in Gegenwart von Triäthylamin erklären.

Nach Auffinden der optimalen Reaktionsbedingungen für die Acylierung von 2-Methyl-3-äthyl-thiomorpholin mit Acylhalogeniden - Umsetzung von 0.1 mol 2-Methyl-3-äthyl-thiomorpholin mit 0.1 mol Carbonsäurechlorid in Gegenwart von 0.15 mol Triäthylamin in Aceton als Lösungsmittel - wurde das 2-Methyl-3-äthyl-thiomorpholin mit verschiedenen Acylhalogeniden umgesetzt (s. Tab. 5.14).

Es handelt sich mit Ausnahme des 2-Methyl-3-äthyl-4-4'-chlorbenzoyl-thiomorpholins und des 2-Methyl-3-äthyl-4-4'-nitrobenzoyl-thiomorpholins um viskose bis hochviskose Öle, die beim Stehen über einen längeren Zeitraum teilweise kristallisieren. Die Reindarstellung erfolgt üblicherweise durch Destillation im Ölpumpenvakuum mit Hilfe eines Metallbades. Die oben erwähnten Ausnahmen fallen im Reaktionsgemisch ebenfalls erst ölig an, kristallisieren aber innerhalb einiger Stunden vollständig aus. Die kristallinen Produkte lassen sich jedoch auch im Hochvakuum unzersetzt destillieren.

Tabelle 5.14 Umsetzung von 2-Methyl-3-äthyl-thiomorpholin mit Carbonsäurechloriden in Gegenwart von Triäthylamin als Säurefänger[a] zu 2-Methyl-3-äthyl-thiomorpholinen

$$R-CO-Cl + HN\underset{\diagdown\qquad\diagup}{\overset{C_2H_5\;\; CH_3}{\diagup\qquad\diagdown}}S \xrightarrow[-HCl]{} R-CO-N\underset{\diagdown\qquad\diagup}{\overset{C_2H_5\;\; CH_3}{\diagup\qquad\diagdown}}S \qquad (5.13)$$

R	Sdp. °C/Torr) bzw. Schmp. (°C)	Ausbeute (%)
CH_3-	94-95/0.15	92
$ClCH_2-$	115/0.05	73
Cl_2CH-	121-122/0.05	68
Cl_3C-	132/0.06	62
$(CH_3)_2CH-$	100/0.1	78
$(CH_3)_3C-$	91.5/0.07	66
$(CH_3)_2CHCH_2-$	96/0.03	95
$(C_2H_5)_2CH-$	107/0.07	90
CH_3CCl_2-	82/0.08	82
$CH_3-(CH_2)_4-$	110/0.07	98
$CH_3-(CH_2)_{16}-$	210-211/0.07	84
$CH_3-(CH_2)_{20}-$	241-242/0.1	92
$4-Cl-C_6H_4-$	134-138	92
$4-F-C_6H_4-$	163-164/0.05	75
$4-NO_2-C_6H_4-$	98-100	87
$4-CH_3O-C_6H_4-$	170/0.08	84
$3.4.5-(CH_3O)_3-C_6H_2-$	218/0.05	89
$CH_2=CH-$	90/0.05	72
$CH_3-CH=CH-$	112/0.09	86
α-Naphthyl-	196.5-208/0.07	97
α-Furyl-	124/0.1	93
$(CH_3)_2N-$	105/0.07	57

[a] Reaktionstemperatur: 0-5°; Reaktionszeit: 12 Stdn, Ansatz: 0.1 mol 2-Methyl-3-äthyl-thiomorpholin, 0.1 mol Carbonsäurechlorid, 0.15 mol Triäthylamin, 50 ml Aceton als Lösungsmittel

Die so in guten bis sehr guten Ausbeuten erhaltenen 4-Acyl-
thiomorpholine erweisen sich als außerordentlich thermostabil, was auch aus den z.T. extrem hohen Siedepunkten hervor-
gent. Daß es sich hierbei um hauptsächlich ölige Produkte
handelt, ist a) auf das Vorhandensein des 2-Methyl-3-äthyl-
thiomorpholin-Isomerengemisches und b) auf die Struktur der
tertiären Amide, die nicht mehr in der Lage sind, Zweierkom-
plexe über H-Brücken zu bilden, zurückzuführen.

Bei der Acylierung von 2-Methyl-3-äthyl-thiomorpholin hat die
Länge der Alkylkette des Acylierungsmittels kaum einen Einfluß
auf die Ausbeute, ebenso hat die Natur des Substituenten bei
verschiedenen kernsubstituierten Benzoylchloriden kaum einen
Einfluß auf die Ausbeute.

Auffallend ist die Verminderung der Ausbeute an Acyl-thiomor-
pholin beim Übergang von Acetylchlorid zu Trichloracetylchlo-
rid.

Bei der destillativen Aufarbeitung des Reaktionsproduktes aus
der Umsetzung von 1-Naphthoylchlorid mit 2-Methyl-3-äthyl-
thiomorpholin werden zwei Fraktionen erhalten, deren Analysen-
ergebnisse beide mit den theoretischen Werten für das be-
treffende Amid sehr gut übereinstimmen. Die Siedepunkte der
beiden Fraktionen betragen 196.5°/0.07 Torr und 208°/0.065 Torr.
Es ist hierbei anzunehmen, daß, bedingt durch die Sperrigkeit
des Naphthoylrestes, die beiden gebildeten Isomere des Car-
bonsäureamids erhebliche Siedepunktsunterschiede aufweisen.
Dieser Effekt wurde hier zum ersten Mal festgestellt, da
die anderen dargestellten Carbonsäureamide relativ einheit-
liche Siedepunkte, z.T. mit Siedebereichen über 2°, aufweisen, obwohl sich nach gaschromatographischer Analyse der
Amide in allen Fällen zwei Isomere nachweisen lassen können.
Um diesen oben genannten Effekt weiter untersuchen zu können,

wurden die getrennten Isomere des 2-Methyl-3-äthyl-thiomorpholins einzeln mit verschiedenen Carbonsäurechloriden umgesetzt.

5.62   Umsetzung von 2-Methyl-3-äthyl-thiomorpholin mit Carbonsäureestern

Obwohl die Aminolyse von Carbonsäureestern eine geringere Anwendungsbreite zur Darstellung von Carbonsäureamiden als die Acylierung von Aminen mit Acylhalogeniden bietet, ist diese Reaktion doch häufig untersucht worden[45].
Es können drei quantitative Aussagen über die Reaktionsgeschwindigkeit gemacht werden:

a) Elektronenanziehende Gruppen R^1 erhöhen die Reaktivität

b) Elektronenanziehende Gruppen R^2 erleichtern die Abspaltung der Alkoxygruppe OR^2

c) Die Nucleophilität des Amins beeinflußt die Reaktionsgeschwindigkeit.

Außerdem können sterische Faktoren eine große Rolle spielen. So reagiert Ammoniak glatt mit Cyanessigsäureäthylester[58] (a), n-Butylamin mit 1-Benzoyloxypiperidin[59] (b) und Cyclohexylamin mit Ameisensäureäthylester[60] (c).

Da die Bereitschaft eines Esters zur Aminolyse allgemein mit der Geschwindigkeit der alkalischen Verseifung des Esters parallel verläuft, reagieren Methylester durchweg besser als Äthylester. Deshalb haben wir allgemein die Methylester verwendet. Folgende Ester wurden eingesetzt:

1) 4-Hydroxybenzoesäuremethylester
2) 4-Fluorbenzoesäuremethylester
3) Gallussäuremethylester
4) Isonicotinsäuremethylester
5) N,N-Dimethylhexansäureäthylester
6) Essigsäuremethylester
7) Chloressigsäureäthylester
8) Cyanessigsäuremethyl- und äthylester
9) Acetylessigsäureäthylester
10) Chlorameisensäureäthylester

Bei den Umsetzungen der Carbonsäureester 1-6 konnte lediglich der entsprechende Ester bzw. die entsprechende Carbonsäure sowie das 2-Methyl-3-äthyl-thiomorpholin unumgesetzt zurückgewonnen werden. Mit Chloressigsäureäthylester (7) erfolgte keine Esteraminolyse, sondern eine Substitution am Chloratom des Chloressigsäureäthylesters zum 2-Methyl-3-äthyl-thiomorpholin-4-essigsäureäthylesters:

$$\underset{S}{\overset{CH_3\ C_2H_5}{\diagup\!\!\!\diagdown}}NH + Cl-CH_2-CO-OC_2H_5 \xrightarrow{-HCl} \underset{S}{\overset{CH_3\ C_2H_5}{\diagup\!\!\!\diagdown}}N-CH_2-\overset{O}{\overset{\|}{C}}-OC_2H_5 \quad (5.14)$$

<u>5.51</u>

Das Reaktionsprodukt <u>5.51</u> wird durch Umsetzung des Esters mit Thiomorpholin bei einer Reaktionstemperatur von 160° und einer Reaktionszeit von 24 Stdn. in 13proz. Ausbeute erhalten. Die Umsetzung erfolgt in Gegenwart katalytischer Mengen Ammoniumchlorids.

Bei der Umsetzung von Chlorameisensäureäthylester mit 2-Methyl-3-äthyl-thiomorpholin in Gegenwart von Triäthylamin findet ebenfalls keine Esteraminolyse sondern, wie oben, eine Substitution am Chlor-Atom statt.

$$\underset{S}{\overset{CH_3\quad C_2H_5}{\diagup\diagdown}}NH + Cl-\overset{O}{\overset{\|}{C}}-OC_2H_5 \xrightarrow[-HCl]{} \underset{S}{\overset{CH_3\quad C_2H_5}{\diagup\diagdown}}N-CO-OC_2H_5 \quad (5.15)$$

Der 2-Methyl-3-äthyl-thiomorpholin-4-carbonsäureäthylester wird in einer Ausbeute von 70 % vom Siedepunkt $76°/0.04$ Torr erhalten.
Nur mit den aktivierten Estern wie Cyanessigsäuremethyl- und -äthylester sowie Acetessigsäureäthylester konnten die entsprechenden 2-Methyl-3-äthyl-4-acyl-thiomorpholine unter verschiedenen Reaktionsbedingungen und in wechselnden Ausbeuten erhalten werden (Tab. 5.15 bzw. 5.16). Die Darstellung von 2-Methyl-3-äthyl-4-cyanacetyl-thiomorpholin wird in Tab. 5.16 zusammengefaßt.

5.63   Umsetzung von 2-Methyl-3-äthyl-thiomorpholin
        mit Carbonsäureanhydriden

Carbonsäureanhydride sind bei der Herstellung von Carbonsäureamiden recht gebräuchlich. Unsymmetrische Anhydride können zwei verschieden acylierte Produkte bilden.

Tabelle 5.15   2-Methyl-3-äthyl-4-cyanacetyl-thiomorpholin durch Umsetzung von 2-Methyl-3-äthyl-thiomorpholin mit Cyanessigsäuremethyl- und äthylester unter verschiedenen Reaktionsbedingungen[a]

$$CN-CH_2-\overset{O}{\underset{\|}{C}}-OR + HN\underset{\diagdown\diagup}{\overset{\diagup C_2H_5 \diagdown CH_3}{\diagup\diagdown}}S \xrightarrow{-ROH} CN-CH_2-\overset{O}{\underset{\|}{C}}-N\underset{\diagdown\diagup}{\overset{\diagup C_2H_5 \diagdown CH_3}{\diagup\diagdown}}S \quad (5.16)$$

R	R.-zeit (h)	R.-temp. (°C)	Katalysator (0.02 mol-%)	Ausbeute (%)
CH_3	18	160	NH_4Cl	21
C_2H_5	18	160	NH_4Cl	48
C_2H_5	12	200	NH_4Cl	55
C_2H_5	12	80	KOH	0
C_2H_5	12	160	HCl [b]	19

[a] Ansatz: 0.1 mol Cyanessigsäureester, 0.15 mol 2-Methyl-3-äthyl-thiomorpholin

[b] HCl in Form von 2-Methyl-3-äthyl-thiomorpholin-hydrochlorid

Tabelle 5.16   2-Methyl-3-äthyl-4-acyl-thiomorpholin durch Umsetzung von 2-Methyl-3-äthyl-thiomorpholin mit Carbonsäureestern

$$S\underset{\diagdown\diagup}{\overset{\diagup CH_3 \diagdown C_2H_5}{\diagup\diagdown}}NH + R^2-O-\overset{O}{\underset{\|}{C}}-CH_2-R^1 \xrightarrow{-R^2OH} S\underset{\diagdown\diagup}{\overset{\diagup CH_3 \diagdown C_2H_5}{\diagup\diagdown}}N-\underset{\underset{O}{\|}}{C}-CH_2-R^1 \quad (5.17)$$

R^1	R^2	Sdp. (°C/Torr)	Ausbeute (%)
CN	CH_3	166-167/0.08	21
CN	C_2H_5	170-171/0.08	55
CH_3CO	C_2H_5	126-127/0.025	63

$$R^1-\overset{O}{\underset{\|}{C}}-O-\overset{O}{\underset{\|}{C}}-R^2 + R^3R^4NH \longrightarrow \begin{cases} R^1-\overset{O}{\underset{\|}{C}}-N\overset{R^3}{\underset{R^4}{\diagdown}} + R^2-\overset{O}{\underset{\|}{C}}-OH \\ \text{oder} \\ R^2-\overset{O}{\underset{\|}{C}}-N\overset{R^3}{\underset{R^4}{\diagdown}} + R^1-COOH \end{cases}$$

Die Acylierung von Aminen mit Anhydriden wird meist durch Zugabe von Säuren katalysiert[46]; in Abwesenheit von Säuren verläuft die Reaktion meist autokatalytisch[61]. Meist werden aus den oben genannten Gründen symmetrische Anhydride als Acylierungsmittel eingesetzt, diese können aliphatische, aromatische oder cyclische Anhydride sein.
Unsere Ergebnisse zur Acylierung von 2-Methyl-3-äthyl-thiomorpholin mit verschiedenen Carbonsäureanhydriden enthält Tabelle 5.17.

5.64   Umsetzung von 2-Methyl-3-äthyl-thiomorpholin mit Phosgen

Phosgen ist ein sehr reaktionsfreudiges Acylierungsmittel; es war daher zu erwarten, daß sich Phosgen mit 2-Methyl-3-äthyl-thiomorpholin umsetzt. Dabei sollte sich ein entsprechendes Harnstoffderivat des Thiomorpholins bilden, da das intermediär gebildete Thiomorpholino-carbonylchlorid mit weiterem Thiomorpholin reagieren kann.

Tabelle 5.17 Umsetzung von 2-Methyl-3-äthyl-thiomorpholin mit Carbonsäureanhydriden[a]

$$\text{CH}_3\text{ }\text{C}_2\text{H}_5 \text{ NH} + R^1-\overset{O}{\underset{}{C}}-O-\overset{O}{\underset{}{C}}-R^2 \longrightarrow \text{CH}_3\text{ }\text{C}_2\text{H}_5 \text{ N}-\overset{}{\underset{O}{C}}-R^1 + R^2-\overset{O}{\underset{}{C}}-OH$$

R^1	R^2	Sdp. (°C/Torr)	Ausbeute (%)
CH_3-	CH_3-	94-95/0.15	77 [b]
$(CH_3)_2CH-$	$(CH_3)_2CH-$	100/0.1	83
$CH_3-CH=CH-$	$CH_3-CH=CH-$	107/0.07	85
		196-199/0.05	52
-CH=CH-		- [b]	58
C_6H_5-	C_6H_5-	120-122/0.05	74

[a] Ansatz: 0.1 mol 2-Methyl-3-äthyl-thiomorpholin, 0.1 mol Carbonsäureanhydrid
Reaktionstemperatur: 100°; Reaktionszeit: 12 Stdn.

[b] Reinigung des Reaktionsproduktes durch Säulenchromatographie. Das Reaktionsprodukt ist ölig.

Diese Umsetzung wurde in Gegenwart von Triäthylamin als Säurefänger bei -70°C durchgeführt. Dabei wurde die Bildung von 2-Methyl-3-äthyl-4-chlorcarbonyl-thiomorpholin nicht beobachtet. Der 2-Methyl-3-äthyl-thiomorpholinoharnstoff 5.52 ist ein farbloses, zähflüssiges Öl, welches durch Vakuumdestillation gereinigt werden kann. Es wird in einer Ausbeute von 64 % erhalten.(Siedep. 162°C/ 0.04 Torr). Auf ähnliche Weise stellten A.H. SOMMERS und B.W. HORREM[62] bereits das unsubstituierte 4.4'-Carbonyldithiomorpholin her. Dieses unsubstituierte Thiomorpholin-Harnstoffderivat ist ein Festprodukt, welches in 47proz. Ausbeute erhalten wird.

5.65 Acylierung von 2-Methyl-3-äthyl-thiomorpholin mit Harnstoff

Beim Erhitzen von unsubstituierten Carbonsäureamiden mit sekundären Aminen können sich unter Ammoniak-Abspaltung N-substituierte Carbonsäureamide bilden.

Formal betrachtet erfolgt ein Austausch einer Aminogruppe
gegen eine andere. In der Literatur werden verschiedene
Ausdrücke für diese Reaktion angewandt, u.a. Aminaustausch,
Umamidierung, Umalkylierung, Entalkylierung-Alkylierung,
Disproportionierung oder Kondensation. Bei der Reaktion von
Aminen untereinander gelingt diese Reaktion im allgemeinen
nur in Gegenwart von Katalysatoren.

Dagegen erfolgt eine Umamidierung eines Amins mit Harnstoff
viel leichter, allgemein genügt das Erhitzen von Harnstoff
mit dem Amin um einseitig substituierte bzw. symmetrisch
zweiseitig substituierte Harnstoffe zu erhalten.

$$NH_2-\overset{O}{\overset{\|}{C}}-NH_2 + HN\overset{R}{\underset{R}{\diagdown}} \longrightarrow \underset{I}{NH_2-\overset{O}{\overset{\|}{C}}-N\overset{R}{\underset{R}{\diagdown}}} + NH_3$$

$$\Big| + HNR_2$$

$$\underset{R'}{\overset{R}{\diagdown}}N-\underset{II}{\overset{O}{\overset{\|}{C}}}-N\overset{R}{\underset{R}{\diagdown}} + NH_3$$

Substituierte Harnstoffe sind im allgemeinen kristalline Stoffe,
nur die tetraalkylierten Harnstoff-Derivate sind destillierbare Flüssigkeiten.

Um das monosubstituierte Harnstoff-Derivat zu erhalten, arbeitet man bei 130-150°C und nimmt höchstens 1 mol Amin auf
1 mol Harnstoff[64]; will man dagegen symmetrisch disubstituierte
Harnstoffe herstellen, steigert man die Temperatur auf 150-
170° und verwendet 2 mol Amin auf 1 mol Harnstoff[64].

Die Umsetzungsbedingungen von 2-Methyl-3-äthyl-thiomorpholin
mit Harnstoff sind in Tabelle 5.18 zusammengefaßt.

Tabelle 5.18   Umsetzung von 2-Methyl-3-äthyl-thiomorpholin
               mit Harnstoff

2-Methyl-3-äthyl-thiomorpholin (mol)	Harnstoff (mol)	R.-zeit (h)	R.-temp. ($^{\circ}$C)
0.1	0.1	12	140
0.2	0.1	12	160
0.2	0.1	12	200

Unter allen Reaktionsbedingungen wurde das monosubstituierte 2-Methyl-3-äthyl-thiomorpholin-harnstoff-derivat erhalten. Bei 140° beträgt die Ausbeute 35%; bei 160° 47% und bei 200° 65%. Dieses monosubstituierte Harnstoff-Derivat läßt sich ohne Zersetzung im Hochvakuum destillieren. Beim Stehen wird das Produkt fest und hat einen Schmelzpunkt von 75-86°.

Bei dem Versuch, 2-Methyl-3-äthyl-thiomorpholin mit Thioharnstoff zu dem entsprechenden Thioharnstoff-Derivat umzusetzen, konnte bei Reaktionstemperaturen zwischen 130° und 200° nicht das zu erwartende mono- oder disubstituierte Thioharnstoff-Derivat isoliert werden, sondern lediglich unumgesetztes Thiomorpholin.

5.66   Umsetzung von 2-Methyl-3-äthyl-thiomorpholin mit
       Dicarbonsäuredichloriden

Die Ergebnisse der Umsetzung von 2-Methyl-3-äthyl-thiomorpholin mit Dicarbonsäuredichloriden verlaufen erwartungsgemäß glatt (Tab. 5.18).

Tabelle 5.18 Diacylamide durch Umsetzung von 2-Methyl-3-äthyl-thiomorpholin mit Dicarbonsäuredichloriden[a]

$$2\ S\diagdown NH + Cl-\underset{O}{\overset{O}{C}}-X-\underset{O}{\overset{O}{C}}-Cl \longrightarrow S\diagdown N-\underset{O}{\overset{O}{C}}-X-\underset{O}{\overset{O}{C}}-N\diagup S$$

X	Sdp. (°C/Torr)	Ausbeute (%)
-	204/0.04	83
-(CH$_2$)$_2$-	222-223/0.05	76
-(CH$_2$)$_4$-	253/0.08	71
1.2-C$_6$-H$_4$-	233/0.07	56
1.4-C$_6$H$_4$-	283/0.05	74

[a] Ansatz: 0.1 mol Diacyldichloride, 0.2 mol Thiomorpholin, 0.3 mol Triäthylamin, 100 ml Aceton als Lösungsmittel
Reaktionsbedingungen wie für die Umsetzung von Carbonsäurechloriden mit 2-Methyl-3-äthyl-thiomorpholin (Kap. 5.61).

5.67 Sulfonamide durch Umsetzung von 2-Methyl-3-äthyl-thiomorpholin mit Sulfonsäurehalogeniden

Da einige Sulfonamide wichtige Chemotherapeutika gegen bakterielle Infektionen sind, war die Darstellung der Sulfonamide des Thiomorpholins von besonderer Bedeutung.

Das wichtigste Verfahren zur Herstellung von Sulfonamiden besteht in der Umsetzung von Benzolsulfonylderivaten mit Ammoniak

oder Aminen. Diese Reaktion verläuft bei Ammoniak, aliphatischen, aromatischen und heterocyclischen Aminen in wäßriger, schwach alkalischer oder schwach saurer Lösung in Gegenwart säurebindender Mittel. Die meisten heterocyclischen Amine lassen sich nur in wasserfreien Medien umsetzen, wobei Pyridin als günstigstes Lösungsmittel und gleichzeitig säurebindendes Mittel gilt.
Die dargestellten Sulfonamide sind in Tabelle 5.19 zusammengefaßt.

5.7   N-Alkylthiomorpholine[44]

5.71   Umsetzung von 2-Methyl-3-äthyl-thiomorpholin mit Alkylchloriden

Zur Bestimmung der optimalen Reaktionsbedingungen für die Umsetzung von 2-Methyl-3-äthyl-thiomorpholin mit Alkylchloriden wurden jeweils 1-Chlorbutan, 1-Chlorhexan und 1-Chloroctan mit 2-Methyl-3-äthyl-thiomorpholin unter verschiedenen Reaktionsbedingungen umgesetzt.

Dabei zeigte sich, daß mit steigender Reaktionstemperatur (abhängig vom Siedepunkt des eingesetzten Alkylierungsmittels) die Ausbeute an N-Alkyl-thiomorpholin steigt. Die Basizität der eingesetzten Base, die als Säurefänger wirkt und dadurch die Umsetzungsgeschwindigkeit beeinflußt, hat kaum einen Einfluß auf die Ausbeute an Reaktionsprodukt. Bei niedrig siedenden Alkylchloriden werden die Ausbeuten an N-Alkylthiomorpholin bei Durchführung der Alkylierung in einem Autoklaven erheblich erhöht.

Tabelle 5.19 Sulfonamide durch Umsetzung von 2-Methyl-3-äthyl-thiomorpholin mit Sulfonylchloriden[a]

$$R-SO_2-Cl + HN\underset{\underset{S}{\diagdown\diagup}}{\overset{\overset{C_2H_5\ CH_3}{\diagdown\diagup}}{\diagup}} \longrightarrow R-SO_2-N\underset{\underset{S}{\diagdown\diagup}}{\overset{\overset{C_2H_5\ CH_3}{\diagdown\diagup}}{\diagup}} \qquad (5.23)$$

R	Sdp./Schmp. (°C/Torr)	Ausbeute (%)
CH_3	120-121/0.04	68
C_6H_5	70-74	
	61-67	82[b]
4-$CH_3CONHC_6H_4$	265-266/0.08	64
3-NO_2-C_6H_4	210-211/0.06	68
1.2-Di-Cl-C_6H_3	174-176/0.06	51
1.4-Di-CH_3-C_6H_3	150-152	81
1.3-Benzoldisulfochlorid	286-287/0.07	38[c]
4-NH_2-C_6H_4[d]	158-162	60
2.4.5-Tri-Cl-C_6H_2	190-191/0.06	25

[a] Ansatz: 0.1 mol Thiomorpholin, 0.2 mol Sulfochlorid, 100 ml einer 12 proz. KOH-Lösung
Reaktionstemperatur: 20°; Reaktionszeit: 12 Stdn.

[b] Es werden 2 Reaktionsprodukte mit unterschiedlichen Schmelzpunkten erhalten, jedoch mit gleichen Analysenergebnissen und identischen IR-Spektren (Isomere).

[c] 0.2 mol Thiomorpholin werden mit 0.2 mol Sulfochlorid in Gegenwart 150 ml einer 12 proz. KOH-Lösung zu dem entsprechenden Disulfonamid umgesetzt.

[d] Durch Hydrolyse von 2-Methyl-3-äthyl-4.4'-acetamido-benzolsulfonyl-thiomorpholin mit verd. Salzsäure.

Die Umsetzung von 2-Methyl-3-äthyl-thiomorpholin mit Alkylchloriden in Gegenwart von Natrium in flüssigem Ammoniak verläuft selektiv. Die gaschromatographische Auswertung der undestillierten Reaktionsprodukte zeigt, daß nur das eine Isomere des 2-Methyl-3-äthyl-thiomorpholins reagiert hat.

Auffallend sind die Ergebnisse der Umsetzung von 2-Methyl-3-äthyl-thiomorpholin mit den Alkylchloriden in Gegenwart von Triäthylamin. In keinem Versuch konnte die Umsetzung zum N-Alkylthiomorpholin beobachtet werden. Unsere Ergebnisse zur N-Alkylierung von 2-Methyl-3-äthyl-thiomorpholin mit Alkylchloriden sind in Tabelle 5.20 zusammengestellt.

Allgemein sind die Ausbeuten relativ niedrig, was auf die geringe Reaktionsfähigkeit der Alkylchloride zurückzuführen ist. Lediglich Benzylchlorid und Chloressigsäurenitril setzen sich in befriedigenden Ausbeuten um. Die 2-Methyl-3-äthyl-4-alkyl-thiomorpholine sind alle hochviskose Öle.

Unter den oben genannten Reaktionsbedingungen gelingt es nicht, n-Propylchlorid mit 2-Methyl-3-äthyl-thiomorpholin umzusetzen.

Bei der Umsetzung von Benzylchlorid mit Thiomorpholin entsteht neben dem als Hauptprodukt auftretenden 2-Methyl-3-äthyl-4-benzyl-thiomorpholin in 10 proz. Ausbeute ein Reaktionsprodukt mit der Summenformel $C_{21}H_{27}NS$. Dieses Produkt wird aufgrund der IR-Spektren als 1-(2'-Methyl-3'-äthyl-thiomorpholin)-1.2-diphenyläthan (5.53) gedeutet.

$$\text{(5.24)}$$

Die von P. VIOUT[65] und Mitarbeitern hergestellten N-Benzyl-thiomorpholine zeigen eine lokalanästhesierende Wirkung.

Tabelle 5.20   Umsetzung von 2-Methyl-3-äthyl-thiomorpholin
mit Alkylchloriden in Gegenwart von Natriumcarbonat als Säurefänger[a]

$$\underset{S}{\overset{CH_3\ C_2H_5}{\diagup}}NH + Cl-R \xrightarrow{-HCl} \underset{S}{\overset{CH_3\ C_2H_5}{\diagup}}N-R$$

R	Sdp. (°C/Torr)	Ausbeute (%)
$CH_3-(CH_2)_3-$	81-85/0.05	10
$CH_3-(CH_2)_5-$	120-125/0.05	18
$CH_3-(CH_2)_7-$	120-125/0.05	42
$CH_3-(CH_2)_9-$	136-139/0.05	39
$CH_3-(CH_2)_{11}-$	159-163/0.04	39
$CH_3-(CH_2)_{13}-$	179-186/0.08	29
$CH_3-(CH_2)_{15}-$	178-184/0.06	27
$CH_3-(CH_2)_{17}-$	196-204/0.04	29
$C_6H_5-CH_2-$	109-110/0.04	85 [b]
$2-NO_2-C_6H_4-$	130-131/0.06	14
$CN-CH_2-$	146-148/0.06	76
$CH_2=CH-CH_2-$	50-51/0.15	29

[a] Ansatz: 0.1 mol Thiomorpholin, 0.2 mol Alkylchlorid, 0.3 mol Soda
Reaktionszeit: 12 Stdn.; Reaktionstemperatur: 190° bzw. Siedepunkt des eingesetzten Alkylchlorids

[b] Daneben entsteht in 10 proz. Ausbeute ein Produkt der Summenformel $C_{21}H_{27}NS$, Sdp. 180-182°/0.04 Torr

5.72 Umsetzung von 2-Methyl-3-äthyl-thiomorpholin mit
      Alkylbromiden

Es war zu erwarten, daß die Ausbeuten an N-Alkylthiomorpholinen, die durch Umsetzung von 2-Methyl-3-äthyl-thiomorpholin mit Alkylbromiden erhalten werden, höher als die durch Alkylierung mit Alkylchloriden erhaltenen Produkte sein würden. Dieses Reaktionsverhalten wird durch die entsprechenden Vergleichsumsetzungen bestätigt. Die Ergebnisse der Umsetzung von 2-Methyl-3-äthyl-thiomorpholin mit Alkylbromiden in Gegenwart von Natriumcarbonat als Säurefänger sind in Tabelle 5.21 wiedergegeben.

Ein Vergleich der Tabellen 5.20 und 5.21 zeigt, daß unter den gleichen Reaktionsbedingungen die entsprechenden N-Alkylthiomorpholine aus den Alkylbromiden in erheblich besserer Ausbeute erhalten werden als mit Alkylchloriden.

Unter gleichen Reaktionsbedingungen setzt sich das 1-Bromoctan mit 2-Methyl-3-äthyl-thiomorpholin in 97 proz. Ausbeute um, 2-Bromoctan ergibt das entsprechende N-Alkylthiomorpholin in nur 8 proz. Ausbeute.

5.73 Umsetzung von 2-Methyl-3-äthyl-thiomorpholin mit
      Alkylhalogeniden unter Druck

Wie schon in den vorangegangenen Abschnitten nachgewiesen werden konnte, ist die Alkylierung von 2-Methyl-3-äthyl-thiomorpholin mit Alkylhalogeniden stark von der Reaktionstemperatur bzw. vom Siedepunkt des eingesetzten Alkylierungsmittels abhängig. Niedrig siedende Alkylhalogenide, mit Ausnahme von Methylbromid, reagieren mit 2-Methyl-3-äthyl-thiomorpholin unter Rückflußbedingungen sehr langsam oder gar nicht. Höher siedende Alkylhalogenide wie Heptyl- und Octylbromid reagieren dagegen in hohen Ausbeuten.

Tabelle 5.21   Umsetzung von 2-Methyl-3-äthyl-thiomorpholin
                mit Alkylbromiden in Gegenwart von Soda[a]

$$\text{\begin{array}{c} CH_3\ C_2H_5 \\ S\diagup\!\!\diagdown NH \end{array}} + Br-R \xrightarrow{-HBr} \text{\begin{array}{c} CH_3\ C_2H_5 \\ S\diagup\!\!\diagdown N-R \end{array}}$$

R	Sdp. (°C/Torr)	Ausbeute (%)
CH_3-	86/14.0	63
C_2H_5-	96-97/14.0	40 [b]
$CH_3-(CH_2)_2-$	64-65/0.15	17
$CH_3-(CH_2)_3-$	60/0.04	58
$CH_3-(CH_2)_6-$	103-106/0.05	89
$CH_3-(CH_2)_7-$	111-114/0.06	97
$CH_3-(CH_2)_8-$	118-125/0.07	82
$CH_3-(CH_2)_{12}-$	159-161/0.06	49
$CH_2=CH-CH_2-$	63/0.35	87
$CH_3-CH=CH-CH_2-$	64/0.03	84
$CH_3-CH-(CH_2)_2-CH_3-$		0 [c]
$CH_3-CH-(CH_2)_5-CH_3-$	103-104/0.05	8
$-CH_2-CH_2-$	151-152/0.06	10 [d]
$-CH_2-$	146-148/0.06	11 [e]

Legende zu Tab. 5.21

[a] Ansatz: 0.1 mol Thiomorpholin, 0.2 mol Alkylbromid, 0.3 mol Soda
Reaktionszeit: 12 Stdn.; Reaktionstemperatur: 190° bzw. Siedepunkt des eingesetzten Alkylbromids

[b] Die Ausbeute wird durch GC-Analyse bestimmt, da das Reaktionsprodukt den gleichen Siedepunkt wie das eingesetzte Thiomorpholin aufweist.

[c] Die Umsetzung von 2-Brompentan mit 2-Methyl-3-äthyl-thiomorpholin führt nicht zum entsprechenden Alkyl-thiomorpholin. Das Produkt wird unter veränderten Reaktionsbedingungen hergestellt (s. Abschn. 5.73) und wird nur zur Vollständigkeit in dieser Tabelle aufgeführt.

Fortsetzung Legende zu Tabelle 5.21

d) Bei der Umsetzung von 2-Methyl-3-äthyl-thiomorpholin mit
1.2-Dibromäthan werden 0.2 mol Thiomorpholin mit 0.4 mol
1.2-Dibromäthan und 0.6 mol Soda bei 140° umgesetzt.

e) Ausgehend von Bromchlormethan

Um die Reaktionstemperatur bei den niedrig siedenden Alkylhalogeniden zu erhöhen, wurden Alkylhalogenide mit 2-Methyl-3-äthyl-thiomorpholin bei 190° in einem 1/2 l-Schüttelautoklaven in Gegenwart von Soda umgesetzt. Dabei entsteht im Autoklaven bei der Reaktionstemperatur z.T. ein Reaktionsdruck von über 40 Atmosphären. Die Ergebnisse der Autoklavenversuche sind in Tabelle 5.22 zusammengefaßt. Die Ergebnisse der Umsetzungen bei Normaldruck sind zum Vergleich ebenfalls angegeben.

Tabelle 5.22 Umsetzung von 2-Methyl-3-äthyl-thiomorpholin mit Alkylhalogeniden in Gegenwart von Soda unter Druck a)

Alkylhalogenid	Sdp. (°C/Torr)	Ausbeute (%)	Ausbeute bei Normaldruck (%)
CH_3-CH_2-Br	100/15.0	82	40
$CH_3-(CH_2)_2-Br$	64-65/0.15	81	17
$CH_3-(CH_2)_5-Cl$	96-97/0.03	36	18
$CH_3-(CH_2)_7-Cl$	126-127/0.09	36	42
$CH_3-(CH_2)_{15}-Cl$	209-211/0.07	49	27
$CH_3-\underset{Br}{CH}-(CH_2)_2-CH_3$	98-101/0.06	8	0
$Br-CH_2-CH_2-Br$	146-151/0.06	21	10

a) Ansatz: 0.1 mol Thiomorpholin, 0.2 mol Alkylhalogenid, 0.3 mol Soda
Reaktionstemperatur: 190-200°; Reaktionszeit: 12 Stdn.

Versuche, Methylenchlorid bzw. Chloroform oder Bromoform mit
2-Methyl-3-äthyl-thiomorpholin unter den oben angegebenen Reaktionsbedingungen umzusetzen, schlugen fehl. Ebenfalls gelang
es nicht, das 1.3-Dibrombutan mit Thiomorpholin umzusetzen.

Allgemein ist zu erkennen, daß die Umsetzung von Alkylhalogeniden mit 2-Methyl-3-äthyl-thiomorpholin im Autoklaven bessere
Ausbeuten an entsprechendem N-Alkylthiomorpholin ergibt als
unter Normaldruck.

5.74   Darstellung von N-Alkylthiomorpholinen durch die
       Leuckart-Wallach-Reaktion

Sekundäre Amine lassen sich durch Erhitzen mit Aldehyden oder
Ketonen in Gegenwart von Ameisensäure zu tertiären Aminen umsetzen:

$$\begin{array}{c} R^1 \\ \diagdown \\ R^2 \end{array} NH + O=C \begin{array}{c} R^3 \\ \diagup \\ R^4 \end{array} + HCOOH \longrightarrow \begin{array}{c} R^1 \\ \diagdown \\ R^2 \end{array} N - CH \begin{array}{c} R^3 \\ \diagup \\ R^4 \end{array} + CO_2 + H_2O \qquad (5.25)$$

Bei dieser als Leuckart-Wallach-Reaktion[66] bekannten Umsetzung
wirkt die Ameisensäure als Reduktionsmittel. Dabei ist es nicht
notwendig, das Kondensationsprodukt von Amin mit dem Carbonylreagenz zu isolieren, sondern alle drei Reaktionskomponenten
werden gleichzeitig umgesetzt. Eine Vielzahl von Varianten
dieser REaktion ist bekannt[67].

Statt der freien Aldehyde können bei der Leuckart-Wallach-Reaktion auch Acetale eingesetzt werden, wenn man dem Reaktionsgemisch eine geringe Menge Salzsäure zusetzt[68,69].

Unsere Ergebnisse zur Umsetzung von 2-Methyl-3-äthyl-thiomorpholin mit Aldehyden und Ameisensäure sind in Tabelle 5.23 wiedergegeben.

Tabelle 5.23   Umsetzung von 2-Methyl-3-äthyl-thiomorpholin mit Aldehyden und Ameisensäure[a,b)]

$$\underset{S}{\overset{CH_3\ C_2H_5}{\diagup}}NH + R-\underset{\underset{O}{\|}}{C}-H + HCOOH \longrightarrow \underset{S}{\overset{CH_3\ C_2H_5}{\diagup}}N-R + CO_2 + H_2O \quad (5.26)$$

R	Sdp. (0°/Torr)	Ausbeute (%)
CH_3-	86/13.5	98
C_2H_5- [b)]	96-97/14.0	39

[a)] Ansatz: 0.5 mol Thiomorpholin, 0.5 mol Ameisensäure, 0.5 mol Aldehyd
Reaktionstemperatur: 60°; Reaktionszeit: 12 Stdn.
[b)] Acetaldehyd wird in Form des Diäthylacetals eingesetzt, 0.5 ml Salzsäure werden zugesetzt.

5.75   Umsetzung von 2-Methyl-3-äthyl-thiomorpholin mit Dialkylsulfaten

Bei der Umsetzung äquimolarer Mengen 2-Methyl-3-äthyl-thiomorpholin mit Dimethyl- bzw. Diäthylsulfat erfolgt keine vollständige Alkylierung. Da die Siedepunkte des 2-Methyl-3-äthyl-4-methyl- bzw. -4-äthyl-thiomorpholins sich nur geringfügig vom eingesetzten 2-Methyl-3-äthyl-thiomorpholin

unterscheiden, ist es nicht möglich, die reinen N-Alkyl-
thiomorpholine durch Destillation zu erhalten. Mittels gaschromatographischer Analyse läßt sich der Umsatz feststellen.
So wird bei der Umsetzung äquimolarer Mengen Dialkylsulfat
mit 2-Methyl-3-äthyl-thiomorpholin mit Dimethylsulfat das
2.4-Dimethyl-3-äthyl-thiomorpholin in einer Ausbeute von 16%
erhalten, mit Diäthylsulfat entsteht das 2-Methyl-3.4-diäthyl-
thiomorpholin in einer Ausbeute von 29%.

5.8   Quartäre Thiomorpholiniumsalze

Da das Thiomorpholiniumringsystem zwei Heteroatome besitzt,
die beide alkyliert werden können, müssen zwei Klassen von
quartären Salzen unterschieden werden.

Die N-Alkylierung ergibt quartäre Ammoniumverbindungen (I), die
S-Alkylierung ergibt Sulfoniumverbindungen (II).

Als Voraussetzung für eine Quaternisierung von Aminen muß
das Amin eine genügend hohe Basizität besitzen[70,71]. Durch
Bestimmung des p_K-Wertes von 2-Methyl-3-äthyl-thiomorpholin
(s.[44]) konnte festgestellt werden, daß das Thiomorpholin eine

recht hohe Basizität besitzt und sich daher prinzipiell
quaternieren lassen sollte (pK$_s$=8,92; pK$_b$=5.08). Befindet
sich im Molekül außer dem Amino-N-Atom noch eine weitere alky-
lierbare Gruppe, dann kann diese ebenfalls alkyliert werden.
Ist diese jedoch eine Thioäther-Gruppe, wie es beim Thiomorpholin der Fall ist, dann erfolgt der Angriff vorzugsweise
am N-Atom[72]. Lösungsmittel mit einem hohen Dipolmoment bewirken einen wesentlich schnelleren Verlauf der Reaktion[73].
Diese Tatsachen wurden bei unseren Versuchen berücksichtigt.

5.81   Quartäre Ammoniumverbindungen ausgehend von 2-Methyl-
       3-äthyl-thiomorpholin und Estern starker Mineral-
       säuren

Die Einwirkung von Estern der Schwefelsäure auf Amine führt
zu den entsprechenden quartären Ammoniumverbindungen.

$$R^1_3N + (R^2O)_2SO_4 \longrightarrow [R^1_3R^2N]^{\oplus}[SO_4R^2]^{\ominus} \quad (5.27)$$

J.B. NIEDERL und W.F. HART[74] stellten quartäre Thiomorpholi-
niumverbindungen durch Umsetzung von 4-Alkyl-thiomorpholinen
mit Dimethyl- bzw. Diäthyl-sulfat in siedendem Benzol her.
Unter ähnlichen Reaktionsbedingungen wurde 2-Methyl-3-äthyl-
thiomorpholin mit Dimethyl- bzw. Diäthyl-sulfat umgesetzt.
Die erhaltenen Thiomorpholinium-alkyl-sulfate fallen aufgrund des Stereoisomerengemisches der Thiomorpholine in
öliger Form an. Durch Säulenchromatographie konnte das
2.4.4-Trimethyl-3-äthyl-thiomorpholinium-methyl-sulfat in 66 proz.

Ausbeute als hellgelbes Öl, welches zur Kristallisation neigt, erhalten werden. Das entsprechende 2-Methyl-3.4.4-triäthyl-thiomorpholinium-äthyl-sulfat wurde in 59.5 proz. Ausbeute, ebenfalls als Öl, erhalten.
Die Salze zeigen eine ausgezeichnete Löslichkeit in kaltem Wasser sowie in Methanol und Äthanol.
Diese Produkte sind jedoch nicht ganz analysenrein, was auf Spuren von nicht umgesetztem Thiomorpholin zurückzuführen ist.

Die Umsetzung von Alkylsulfaten mit Perchlorsäure ergibt mit quartären Ammoniumsalzen die üblicherweise schwer löslichen Perchloratsalze[75]. Bei dem Versuch, die o.a. quartären Ammoniumsalze durch Behandlung mit 70 proz. Perchlorsäure in die entsprechenden Perchloratsalze zu überführen, konnten die erwarteten Produkte nicht isoliert werden.

5.82 Quartäre Ammoniumverbindungen ausgehend von 2-Methyl-3-äthyl-thiomorpholin und Alkylhalogeniden

Bei der Alkylierung von sekundären Aminen mit Alkylhalogeniden zu quartären Ammoniumsalzen muß die bedeutend geringere Aktivität der Chloride im Vergleich zu den Bromiden und Jodiden beachtet werden[76]. Methyl-, Äthyl- und Benzyl-halogenide reagieren schneller als andere Alkylhalogenide. Aus diesen Überlegungen wurde 2-Methyl-3-äthyl-thiomorpholin nur mit Methyljodid, Methylbromid und Äthylbromid umgesetzt.

Um eine vollständige Quaternisierung zu gewährleisten, wurden die entsprechenden Alkylhalogenide im fünffachen Überschuß mit 2-Methyl-3-äthyl-thiomorpholin umgesetzt.

Bei der Umsetzung von 2-Methyl-3-äthyl-thiomorpholin mit Äthylbromid in Äthanol als Lösungsmittel zeigte es sich, daß keine Alkylierung am N-Atom stattfand; selbst unter Rückfluß des Lösungsmittels wurde keine Quaternisierung beobachtet. Neben 2-Methyl-3.4-diäthyl-thiomorpholin konnte nur 2-Methyl-3-äthyl-thiomorpholin-hydrobromid isoliert werden, welches sich durch Abspaltung von HBr bei der Alkylierung von 2-Methyl-3-äthyl-thiomorpholin bildet und sich an unumgesetztes 2-Methyl-3-äthyl-thiomorpholin anlagert.

Die Quaternisierung von 2-Methyl-3-äthyl-thiomorpholin mit Methylbromid führt ebenfalls nicht zum Ziel. In allen Fällen wird das 2-Methyl-3-äthyl-4-methyl-thiomorpholin in wechselnden Ausbeuten unter verschiedenen Reaktionsbedingungen zurückerhalten.

Dagegen verläuft die Quaternisierung von 2-Methyl-3-äthyl-thiomorpholin mit Methyljodid sowohl in Äthanol als auch in Dimethylformamid als Lösungsmittel glatt. Aufgrund der starken Polarität sind die Ausbeuten an 2.4.4-Trimethyl-2-äthyl-thiomorpholinium-jodid bei der Umsetzung in Dimethylformamid erheblich höher (97 %) (Zers. 252,5°C) als in Äthanol (19%) (Zers. 120-130°C). Da die IR-Spektren der beiden Umsetzungsprodukte die gleichen charakteristischen Banden aufweisen, ist der große Unterschied in der Zersetzungstemperatur nur darauf zurückzuführen, daß bei der Umsetzung in Äthanol sich nur ein Isomeres des Thiomorpholins mit Methyljodid umsetzt, dagegen in DMF beide Isomere quaterniert werden. Dadurch tritt eine Erniedrigung des Schmelz- bzw. Zersetzungspunktes ein (s. auch Abschn. 5.9).

5.83 Quartäre Ammoniumverbindungen ausgehend von 2-Methyl-3-äthyl-4-alkyl-thiomorpholinen

Da festgestellt wurde, daß Methyljodid sich im besonderen Maße als Quaternisierungsmittel beim Thiomorpholinsystem eignet, wurden einige N-Alkyl-thiomorpholine mit Methyljodid in Gegenwart von Tri-n-butylamin umgesetzt.

Tabelle 5.24   Umsetzung von 2-Methyl-3-äthyl-4-alkyl-thiomorpholin mit Methyljodid in Gegenwart von Tri-n-butylamin[a]

$$\underset{S}{\overset{CH_3 \quad C_2H_5}{\diagdown N-R}} + CH_3J \longrightarrow \left[\underset{S}{\overset{CH_3 \quad C_2H_5}{\diagdown N\diagdown_R^{CH_3}}}\right]^+ J^- \qquad (5.28)$$

$$\underline{5.54}$$

5.54	R	Schmp. (°C)	Ausbeute (%)
a	$CH_3-(CH_2)_3-$	135-154.5	94
b	$CH_3-(CH_2)_8-$	75-79	93
c	$CH_3-(CH_2)_{15}-$	glasartig	97

[a] Ansatz: 0.1 mol Thiomorpholin, 0.2 mol Methyljodid, 0.1 mol Tri-n-butylamin, 100 ml DMF
Reaktionstemperatur: 20°C; Reaktionszeit: 12 Stdn.

Die Reinigung der genannten Verbindungen ist schwierig. Da die N-Alkyl-thiomorpholine als Isomerengemische vorliegen, entstehen die quartären Salze ebenfalls als Isomerengemische. Die Salze haben eine sehr geringe Kristallisationstendenz und kristallisieren erst nach mehrwöchigem Stehen unvollständig aus. So wurden die Salze zur Reinigung mit großen Mengen Diäthyläther geschüttelt, um nicht umgesetzte Bestandteile zu entfernen. Dann wurden die Produkte in absol. Äthanol aufgenommen, mit etwas Aktivkohle aufgekocht, filtriert und eingeengt.

Nach dem Trocknen im Vakuumexsiccator werden die Produkte
5.45a und b fest, c verbleibt als Öl.

5.84 S-Alkylverbindungen des 2-Methyl-3-äthyl-thiomorpholins

Allgemein werden Sulfoniumverbindungen durch Alkylierung von
Thioäthern dargestellt.

$$R_2S + R-X \longrightarrow [R_3S^+] \ X^- \qquad (5.29)$$

Nach systematischen Untersuchungen über den Einfluß von Lösungsmitteln auf die Bildung von Sulfoniumverbindungen kam
R.W. BOST[77] zu dem Ergebnis, daß Medien mit hoher Dielektrizitätskonstante die Reaktion begünstigen. Methanol erwies sich
als das geeignetste Lösungsmittel. Oft wird jedoch ganz auf
Lösungsmittel verzichtet. Bei der Umsetzung von Thioäthern
mit Alkylhalogeniden ohne Lösungsmittel übt ein geringer Wasserzusatz eine beschleunigende Wirkung aus[78,79]. Die Sulfoniumsalze werden meist bei Raumtemperatur dargestellt.

Um zu verhindern, daß sich gleichzeitig bei der Umsetzung von
2-Methyl-3-äthyl-thiomorpholin mit Alkylhalogeniden neben dem
Sulfoniumsalz das entsprechende quartäre Ammoniumsalz bildet,
wurde bei einigen Umsetzungen das N-Atom durch eine Formylgruppe geschützt.

Die Umsetzung von 2-Methyl-3-äthyl-4-formyl-thiomorpholin mit
Methylbromid wurde wegen des niedrigen Siedepunkts des Methylbromids in einem Autoklaven durchgeführt.

Bei allen Versuchen entstanden aus der Umsetzung von Thiomorpholin bzw. Formylthiomorpholin mit einem geringen Überschuß an Alkylierungsmittel sowohl in Methanol als auch in Wasser als Lösungsmittel orange bis gelb gefärbte, nicht kristallisierende Öle.

Versuche, das 2-Methyl-3-äthyl-thiomorpholin gleichzeitig am N- und S-Atom zu alkylieren, blieben erfolglos. Es konnte lediglich das quartäre Ammoniumsalz isoliert werden.

Die Umsetzung von N-Formylthiomorpholin mit Methyljodid in Methanol als Lösungsmittel bzw. ohne Lösungsmittel mit katalytischen Mengen Wasser führte ebenfalls nicht zum gewünschten Produkt.

Lediglich die Umsetzung von 2-Methyl-3-äthyl-4-formyl-thiomorpholin mit Methylbromid in Wasser als Lösungsmittel im Autoklaven bei 50° ergab nach 12 Stdn. Reaktionszeit das gewünschte 1.2-Dimethyl-3-äthyl-thiomorpholiniumbromid in einer Ausbeute von 84 %. Dieses Sulfoniumsalz wird durch Auswaschen mit Äther in analysenreiner Form erhalten. In kaltem Wasser löst es sich leicht und ergibt mit Silbernitrat eine Fällung von Silberbromid.

5.85 Trennung der Isomeren des 2-Methyl-3-äthyl-thiomorpholins

Das auf Basis von Äthylenimin, Schwefel und Diäthylketon erhältliche 2-Methyl-3-äthyl-thiomorpholin fällt bei der Synthese als Isomerengemisch an, wobei, wie erwähnt, vier geometrische Isomere möglich sind. Gaschromatographisch können jedoch nur zwei Isomere nachgewiesen werden[33], wobei das Verhältnis der beiden Isomere zueinander ca. 60 zu 40 beträgt. Eine Zuordnung in eine cis- bzw. trans-Form gelang bisher nicht.

Das Auftreten von Stereoisomeren beeinflußt die physikalischen Daten der Derivate des 2-Methyl-3-äthyl-thiomorpholins. So stellten wir schon früher[38] fest, daß das p-Toluolsulfonamid und spezielle Cyanurchloridderivate des Thiomorpholins je nach Herstellung und Aufarbeitung unterschiedliche Siede- bzw. Schmelzpunkte aufweisen.

Während beim 2-Methyl-3-äthyl-thiomorpholin und dessen N-Formylverbindung gaschromatographisch nur zwei Stereoisomere nachgewiesen werden können, enthält das Gaschromatogramm des 2-Methyl-3-äthyl-thiomorpholino-1-oxids vier Peaks[80], wobei acht Stereoisomere möglich sind.
Es gelang uns erstmals, das 2-Methyl-3-äthyl-thiomorpholin-Isomerengemisch zu trennen. Es konnte sowohl eine präparativ gaschromatographische als auch destillative Trennung erzielt werden[44].

Die gaschromatographische Reinheit der beiden Isomeren beträgt nach der präparativen gaschromatographischen Trennung beim niedriger siedenden Isomeren (I) 99.5 % und beim höher siedenden Isomeren (II) 99.9 %.
Nach wiederholter Fraktionierung hat das Isomere I die Reinheit von 97 % (Sdp. 86.1°C/13 Torr) und das Isomere II die Reinheit von 98 % (Sdp. 91.2°C/14 Torr).

5.86   Physikalische Eigenschaften der getrennten Isomeren des 2-Methyl-3-äthyl-thiomorpholins

Die physikalischen Eigenschaften der beiden Isomere weisen z.T. erhebliche Unterschiede auf.

a) Brechungsindeces: Thiomorpholin-Gemisch: n_D^{20} = 1.5088

　　　　　　　　　　　　Isomeres I　　　　　: n_D^{20} = 1.5074

　　　　　　　　　　　　Isomeres II　　　　 : n_D^{20} = 1.5111

b) Die Siedepunkte des Isomerengemisches sowie der beiden getrennten reinen Isomere I und II ergeben folgende Werte:

　Thiomorpholin-Gemisch:　　　　82.0°/13.0 Torr
　(I : II = 60 : 40)

　Isomeres I　　　　　　　:　　77.5°/13.0 Torr

　Isomeres II　　　　　　 :　　82.5°/13.0 Torr

c) IR-Spektren der reinen Isomeren s.[44].

d) Konformationszuordnung s.[44].

5.9　Reaktionen der getrennten Isomeren des 2-Methyl-3-äthyl-thiomorpholins

Bei den Umsetzungen des 2-Methyl-3-äthyl-thiomorpholin-Isomerengemisches mit Alkylhalogeniden in der Leuckart-Wallach-Reaktion sowie bei der Silylierung mit Trimethylchlorsilan (Abschn. 5.74) zeigt es sich, daß das erste Isomere (I) weitaus langsamer reagiert als das zweite Isomere (II), wenn man die Umsetzungen gaschromatographisch verfolgt.

Um diese Reaktivitätsunterschiede besser zu verfolgen (s. Tab. 5.25), wurden jeweils die reinen getrennten Isomeren mit verschiedenen Carbonsäurechloriden und Sulfonsäurechlo-

riden umgesetzt. Die Reaktionsbedingungen waren die gleichen
wie bei der Umsetzung des Thiomorpholin-Isomerengemisches mit
den einzelnen Acyl- bzw. Sulfonylchloriden (s. dort.).

Tabelle 5.25 Umsetzung von 2-Methyl-3-äthyl-thiomorpholin-Isomerengemisch (III) und der reinen Isomeren I und II mit Carbonsäurechloriden bzw. Sulfonsäurechloriden[a]

$$H-N\underset{\underset{S}{\diagup}}{\overset{C_2H_5\ CH_3}{\diagdown}} + R-Cl \longrightarrow R-N\underset{\underset{S}{\diagup}}{\overset{C_2H_5\ CH_3}{\diagdown}} \qquad (5.30)$$

Einsatz-produkt	R	Sdp./Schmp. (°C/Torr)	Ausbeute (%)
III	$4-NO_2-C_6H_4-CO-$	98-100	87
III	$(CH_3)_2N-CO-$	105/0.07	57
III	CH_3-SO_2-	120-121/0.04	37
I	$4-NO_2-C_6H_4-CO-$	102.5-103	46
I	$(CH_3)_2-N-CO-$	102/0.04	71
I	CH_3-SO_2-	126/0.05	34
II	$4-NO_2-C_6H_4-CO-$	133	96
II	$(CH_3)_2-N-CO-$	101/0.04	70
II	CH_3-SO_2-	130/0.065[b]	52

[a] Ansatz: 0.1 mol Thiomorpholin, 0.1 mol Acylchlorid, bzw. 0.2 mol Sulfonylchlorid
Reaktionstemperatur: 0°; Reaktionszeit: 12 Stdn.

[b] Beim Stehen wird das Produkt fest, der Schmp. läßt sich jedoch nicht bestimmen.

Setzt man Phenylisocyanat mit 2-Methyl-3-äthyl-thiomorpholin
um, dann erhält man das entsprechende Phenylcarbamoylderivat.
Werden die Phenylcarbamoylderivate des Isomerengemisches, des
Isomeren I und des Isomeren II unter gleichen Bedingungen in
absol. Benzol hergestellt, so zeigt sich, daß eine Fällung
bei den reinen Isomeren sofort eintritt, dagegen beim Isomerengemisch eine Fällung erst nach zwei Tagen erfolgt. Die Schmelzpunkte der Phenylcarbamoylderivate sind beim:

   Thiomorpholin-Gemisch: 103-$105°$
   Isomeren I   : 135.5-$136°$
   Isomeren II   : 122-$122.5°$

Die Silylierung haben wir u.a. durchgeführt, um eventuell
Rückschlüsse auf die Struktur der einzelnen Isomere zu ziehen.
Es war zu erwarten, daß die Umsetzung von 2-Methyl-3-äthyl-
thiomorpholin mit Trimethylchlorsilan ein sterisch gehindertes
Produkt liefern würde. Je nach Stellung der Äthylgruppe am
C-Atom in Nachbarstellung zum N-Atom würde eins der isomeren
Reaktionsprodukte bevorzugt auftreten.

$$\underset{SNH}{\overset{CH_3C_2H_5}{\diagup\diagdown}} + R_3SiCl \xrightarrow{-HCl} \underset{SN-SiR_3}{\overset{CH_3C_2H_5}{\diagup\diagdown}} \qquad (5.31)$$

Ebenso wie das Isomerengemisch des 2-Methyl-3-äthyl-thiomor-
pholins wurden auch die gaschromatographisch getrennten Isomeren einzeln mit Trimethylchlorsilan umgesetzt. Die Ergebnisse sind in Tabelle 5.26 wiedergegeben.

Tabelle 5.26   Umsetzung von 2-Methyl-3-äthyl-thiomorpholin-Isomerengemisch (III) sowie der reinen Isomere (I) und (II) mit Trimethylchlorsilan

$$\underset{S}{\overset{CH_3\ \ C_2H_5}{\boxed{}}}NH + (CH_3)_3SiCl \xrightarrow{-HCl} \underset{S}{\overset{CH_3\ \ C_2H_5}{\boxed{}}}N-Si\underset{CH_3}{\overset{CH_3}{\underset{\displaystyle \diagdown}{\diagup}}}CH_3 \qquad (5.32)$$

Versuch-Nr.	Thiomorpholin (mol)		Chlorsilan (mol)	Lösungsmittel	Ausbeute (g)	Zusammensetzung T : S-T[+)]	
1	0.25	III	0.1	Benzol	8.3	23.1	76.9
2	0.1	III	0.2	Benzol	14.3	79.3	20.7
3	0.05	III	0.2	DMF	1.3	100	0
4	0.025	III	0.2	Benzol	2.3	82	18
5	0.05	III	0.2	Benzol/HMDS	5.3	80	20
6	0.1	III	0.2	Pyridin	4.8	90	10
7	0.1	III	0.2	Benzol	4.7	90	10
8	0.005	I	0.01	Pyridin	0.1	Spuren	
9	0.005	II	0.01	Pyridin	0.1	Spuren	
10	0.005	I	0.01	Benzol	1.5	40	60
11	0.005	II	0.01	Benzol	1.5	30	70
12	0.1	III	0.1	TAA	20.0	30.5	69.5
13	0.1	III	0.1	Benzol/TAA	20.0	30.6	69.4

[+)] Gaschromatographische Verteilung der Summe der Thiomorpholin-Isomere zu der Summe der beiden Silyl-thiomorpholin-Isomere
DMF = Dimethylformamid
HMDS= Hexamethyldisilazan
TAA = Triäthylamin

Allgemein erfolgt die Umsetzung bei Raumtemperatur. Das Trimethylchlorsilan wird zu dem in den entsprechenden Lösungsmitteln gelösten Thiomorpholin zugetropft. Nach beendeter Zugabe erwärmt man das Reaktionsgemisch kurzzeitig auf 60°, rührt 12 Stunden nach und versetzt dann mit Petroläther. Das Filtrat liefert nach der Destillation das angegebene Thiomorpholin/Silylthiomorpholin-Isomerengemisch, welches gaschromatographisch getrennt wird. Alle Umsetzungen erfolgen in absoluten Lösungsmitteln unter Stickstoff-Schutzgasatmosphäre.

Wie aus Tabelle 5.26 ersichtlich ist, kann durch einen Überschuß an Trimethylchlorsilan die Ausbeute an Silylthiomorpholin nicht gesteigert werden. Dagegen wird mit einem Überschuß an Thiomorpholin (Versuch 1) die Ausbeute günstig beeinflußt. Der bei der Reaktion entstehende Chlorwasserstoff wird durch den Überschuß an Thiomorpholin vollständig als Hydrochlorid abgefangen. Durch die gaschromatographische Untersuchung der Reaktionsprodukte wurde festgestellt, daß ein zu großer Überschuß an Chlorsilan die Bildung von Nebenprodukten bzw. Zersetzungsprodukten fördert. So konnten bei den Versuchen 8 und 9 nur noch Spuren an Thiomorpholin bzw. Silylthiomorpholin im Reaktionsgemisch gaschromatographisch nachgewiesen werden. Daneben entstanden ca. 20 andere, nicht identifizierbare Reaktionsprodukte. Wird dagegen Triäthylamin als Säurefänger eingesetzt, kann durch Umsetzung molarer Mengen Thiomorpholin und Trimethylchlorsilan das Silylthiomorpholin in befriedigenden Ausbeuten erhalten werden.
Weiterhin zeigt die gaschromatographische Analyse der Reaktionsprodukte, daß sich das Isomere II bevorzugt mit dem Chlorsilan umsetzt.

Durch Umsetzung von 2-Methyl-3-äthyl-thiomorpholin mit anderen Chlorsilanen werden ebenfalls Silylthiomorpholine erhalten (Tab. 5.27).

Tabelle 5.27 Umsetzung von 2-Methyl-3-äthyl-thiomorpholin mit Silylchloriden[a]

[Reaktionsschemata 5.55a–d: Umsetzung von 2-Methyl-3-äthyl-thiomorpholin mit (CH$_3$)$_3$SiCl, HSiCl$_3$ bzw. SiCl$_4$]

5.55	Sdp. (°C/Torr)	Ausbeute (%)
a	110/14.0	80
b	150-151/0.08	53[b]
c	212-213/0.08	13[b]
d	173/0.05	86[b]

[a] Reaktionstemperatur: 20°; Reaktionszeit: 12 Stdn.
Benzol als Lösungsmittel
Ansatz: 0.6 mol Thiomorpholin, 0.6 mol Silylchlorid
[b] Ausbeute bezogen auf eingesetztes Silylchlorid

Die Silylthiomorpholine sind alle hydrolyseempfindlich und zersetzen sich zu Thiomorpholin und Siliciumdioxid. Die Reaktionsprodukte sind farblose Öle, die sich unzersetzt im Hochvakuum destillieren lassen.

5.10   Literatur zu Kapitel 5

1) F.Asinger u. Mitarb.
   Forschungsbericht des Landes NRW Nr. 1594, Opladen 1966
2) W.Pürschel,
   Dissert. TH Aachen (1966).
3) J.Plöchl,
   Ber. dtsch. chem. Ges., 13, 2118 (1880).
4) M.Delepine,
   Bull. Soc. chim. France, 29, 1198 (1903).
5) J.Collazos,
   Chim. et Ind. (Paris), 86, 47 (1961);
   C.A. 58, 2417 (1963).
6) A.E.Frost u. H.H.Freedman,
   J. org. Chem., 24, 1905 (1959).
7) F.Asinger, W.Schäfer u. E.Chr.Witte,
   Angew.Chem., 76, 273 (1964).
8) S.O.Lawesson, E.H.Larsen u. H.J.Jacobsen,
   R. 83, (1964), Nr. 5, 461-463.
9) F.Asinger, F.J.Schmitz u. S.Reichel,
   Liebigs Ann.Chem., 652, 50 (1962)
10) F.J.Schmitz,
    Dissert. TH Aachen (1961)
11) F.Asinger, M.Thiel u. G.Esser,
    Liebigs Ann. Chem., 610, 33 (1957).
12) J.F.Willems,
    Fortschr. chem. Forschung, 4, 554 (1963).
13) A.I.Virtanen u. C.-G.Spare,
    Suomen Kemistilehti, B 34, 72 (1961).
14) E.Däbritz u. A.I.Virtanen,
    Chem. Ber., 98, 781 (1965).
15) J.F.Carson u. L.E.Boggs,
    J. org. Chem., 31, 2862 (1966).

16) J.F.Carson, L.E.Boggs u. R.E.Lundin,
    J. org. Chem., 33, 3739 (1968);
    J.F.Carson, R.E.Lundin u. L.E.Boggs,
    J. org. Chem., 34, 1996 (1969).

17) A.H.Ford-Moore, A.G.Lidstone u. W.A.Waters,
    J. chem. Soc., 1946, 819.

18) A.H.Ford-Moore,
    J. chem. Soc., 1949, 2433.

19) A.C.Bellaart,
    Rec. Trav. chim. Pays-Bas, 81, 156 (1962).

20) US-Pat. 3 383 379 v. 14. Mai 1968,
    Eastman Kodak Co. (Erf. D.J.Wallace u. M.A.Weaver);
    Chem. Abstr., 69, 44555 (1968).

21) Dtsch. Bundes-Pat. 1 188 083 v. 4. März 1965,
    Farbwerke Hoechst AG., (Erf. O.Scherer, F.Kluge, H.Mildenberger u. A.Sens);
    Chem. Abstr., 62, 13157 (1965).

22) H.J.Backer u. R.van der Ley,
    Rec. Trav. chim. Pays-Bas, 70, 564 (1951).

23) US-Pat. 2 439 749 v. 13. April 1948,
    J.B.Niederl u. F.Hart;
    Chem. Abstr., 42, 5474 (1948).

24) P.Malatesta u. B.D'Atri,
    Ricerca sci., 22, 1589 (1952);
    Chem. Abstr., 47, 10478 (1953).

25) Brit.-Pat. 874 519 v. 20. Juli 1959,
    Badische Anilin- und Soda-Fabrik AG.,
    (Erf. R.Gehm u. J.Dehnert);
    Chem. Abstr., 56, 10162 (1962).

26) Brit.-Pat. 1 120 652 v. 24. Juli 1968,
    Farbenfabriken Bayer AG.,
    (Erf. K.H.Mayer, H.Herlinger, S.Petersen, A.Haberkorn u. M.Bock);
    Chem. Abstr., 69, 10 6722 (1968).

27) V.Baliah u. T.Rangarajan,
    J. chem. Soc., 1954, 3068.
28) V.Baliah u. T.Rangarajan,
    J. org. Chem., 26, 970 (1961).
29) C.R.Johnson u. I.Sataty,
    J. Med. Chem., 10, 501 (1967);
    Chem. Abstr., 67, 54115 (1967).
30) J.F.Carson u. F.F.Wong,
    J. org. Chem., 29, 2203 (1964).
31) J.F.Carson, L.M.Boggs u. R.E.Lundin,
    J. org. Chem., 35, 1594 (1970).
32) F.Asinger, H.Offermanns, K.H.Lim u. D.Neuray,
    Mh. Chem., 101, 1281 (1970).
33) F.Asinger, A.Saus, H.Offermanns, D.Neuray u. K.H.Lim,
    Mh. Chem., 102, 321 (1971).
34) F.Asinger, F.J.Schmitz u. S.Reichel,
    Ann. Chem., 652, 50 (1962).
35) F.Asinger, H.Diem u. W.Schäfer,
    Mh. Chem., 95, 1335 (1964).
36) F.Asinger, H.Offermanns, D.Neuray u. P.Müller,
    Mh. Chem., 101, 1295 (1970).
37) J.R.Campbell u. R.E.Hatton,
    J. org. Chem., 26, 2786 (1961).
38) 1. Mitt.: F.Asinger, H.Offermanns, A.Saus, C.Dudeck,
    D.Neuray u. E.Wilms,
    Mh. Chem., 104, 118 (1973).
39) M.Celadnik, K.Palat, A.Sekera u. C.Vrba,
    Arch. Pharmaz. Ber. dtsch.pharmaz. Ges., 291, 3 (1958);
    Chem. Abstr., 52, 15 727 (1958); vgl. auch H.Hellmann
    u. G.Opitz, α-Aminoalkylierung, Weinheim: Verlag Chemie,
    1960.

40) E.M.Smolin u. L.Rapoport,
s-Triazines and Derivatives (The Chemistry of Heterocyclic Compounds, Vol. 13). New York-London: Interscience. 1959 (mit vielen weiteren Literaturhinweisen).

41) UdSSR-Pat. 191 570 v. 26. Januar 1967
(Erf. I.Sh.Abdrakhmanov, T.M.Kaftaeva u. M.I.Kochetkova);
Chem. Abstr., $\underline{68}$, 114 661 (1968).

42) UdSSR-Pat. 194 098 v. 30. März 1967
(Erf. T.M.Kaftaeva u. J.Sh.Abdrakhmanov);
Chem. Abstr., $\underline{69}$, 10 481 (1968).

43) J.Dudley, J.Thurston, F.Schaefer, D.Holm-Hansen, C.Hull u. P.Adams,
J. Amer. Chem. Soc., $\underline{73}$, 2986 (1951).

44) J.Hartig,
Dissertation TH Aachen 1972

45) J.Zabicky,
The chemistry of amides, Interscience Publishers, London-New York-Sydney-Toronto (1970).

46) P.J.Lillford u. D.P.N.Satchell,
J. Chem. Soc. (B) 360 (1967)

47) D.P.N.Satchell,
J. Chem. Soc., 1752 (1960).

48) H.S.Venkataraman u. C.Hinshelwood,
J. chem. Soc., 4977 (1960).

49) A.N.Bose u. C.Hinshelwood,
J. chem. Soc., $\underline{71}$ (1949).

50) C.Schotten,
B. $\underline{17}$, 2544 (1884), B. $\underline{23}$, 3430 (1890).

51) J.Baumann,
H. $\underline{9}$, 465 (1885).

52) Organicum,
VEB Deutscher Verlag der Wissenschaften Berlin (1968).

53) V. Prey,
    Chem. Ber., 75, 537 (1942).
54) H. Adkins u. Q. E. Thompson,
    J. Amer. chem. Soc., 71, 2242 (1949)
55) F. Klages u. E. Zange,
    Liebigs Ann. Chem., 607, 35 (1957).
56) D. Cook,
    Can. J. Chem., 40, 2362 (1962)
57) H. Böhme,
    Angew. Chem. Intern. Ed. Engl., 5, 849 (1966)
58) B. B. Corson, R. W. Scott u. C. E. Vose,
    Org. Syn. Coll. Vol. IV, S. 179.
59) B. O. Handford, J. H. Jones, G. T. Young u. T. F. N. Johnson,
    J. Chem. Soc., 6814 (1965).
60) B. C. McKusick u. M. E. Hermes,
    Org. Syn., 41, 14 (1961).
61) M.-H. Loucheux u. A. Banderet,
    Bull. Soc. Chim. France, 2242 (1961).
62) A. H. Sommers u. B. W. Horrom,
    J. Amer. chem. Soc., 76, 1187 (1954).
63) A. Fleischer,
    B. 9, 995 (1876).
64) A. v. Bayer,
    Liebigs Ann. Chem., 131, 252 (1864).
65) P. Viout, R. Douville u. P. Rumpf,
    Bull. Soc. chim. France, 1252 (1962).
66) R. Leuckart u. Mitarb.,
    B. 18, 2341 (1885), B. 19, 2128 (1886), B. 20, 104 (1887),
    B. 22, 1409, 1851 (1889).
67) H. T. Clarke, H. B. Gillespie u. S. Z. Weisshaus,
    J. Amer. chem. Soc., 55, 4571 (1933).
68) H. Ruschig u. K. Schmitt,
    B. 88, 875 (1955).

69) G.Sunagawa, K.Murayama u. J.Nakazawa,
    J. pharm. Soc. Japan, 74, 1177 (1954).
70) E.R.Thomas,
    J. Chem. Soc., 103, 594 (1913).
71) C.A.Winkler u. C.Hinshelwood,
    J. Chem. Soc., 1147 (1935).
72) F.K.Kirchner, A.E.Soria u. C.J.Cavallito,
    J. Amer. chem. Soc., 77, 4599 (1955).
73) H.G.Grimm, H.Ruf u. H.Wolff,
    Z. ph. Chem., 13B, 301 (1931).
74) J.B.Niederl u. W.F.Hart,
    A.P. 2439749 v. 13. April 1948;
    C.A., 42, 5474 (1948),
    A.P. 2541714 v. 13. Februar 1951;
    C.A., 45, 6224 (1951).
75) H.Quast u. E.Schmitt,
    Chem. Ber., 101, 4012 (1968).
76) N.Menschutkin,
    Ph. Chem., 5, 589 (1890).
77) R.W.Bost u. J.E.Everest,
    J. Amer. chem. Soc., 62, 1752 (1940).
78) H.Klinger u. A.Maassen,
    Liebigs Ann. Chem., 243, 199 (1888).
79) G.Carrara,
    G. chim. Italiana, 24 I, 170 (1894).
80) F.Asinger, D.Neuray, E.Wilms u. A.Saus,
    Monatsh., Chem., 104, 137 (1973).

FORSCHUNGSBERICHTE
des Landes Nordrhein-Westfalen

Herausgegeben
im Auftrage des Ministerpräsidenten Heinz Kühn
vom Minister für Wissenschaft und Forschung Johannes Rau

Die „Forschungsberichte des Landes Nordrhein-Westfalen" sind in zwölf Fachgruppen gegliedert:

Geisteswissenschaften
Wirtschafts- und Sozialwissenschaften
Mathematik / Informatik
Physik / Chemie / Biologie
Medizin
Umwelt / Verkehr
Bau / Steine / Erden
Bergbau / Energie
Elektrotechnik / Optik
Maschinenbau / Verfahrenstechnik
Hüttenwesen / Werkstoffkunde
Textilforschung

Die Neuerscheinungen in einer Fachgruppe können im Abonnement zum ermäßigten Serienpreis bezogen werden. Sie verpflichten sich durch das Abonnement einer Fachgruppe nicht zur Abnahme einer bestimmten Anzahl Neuerscheinungen, da Sie jeweils unter Einhaltung einer Frist von 4 Wochen kündigen können.

SPRINGER FACHMEDIEN WIESBADEN GMBH

MIX
Papier aus verantwortungsvollen Quellen
Paper from responsible sources
FSC® C105338

If you have any concerns about our products,
you can contact us on
ProductSafety@springernature.com

In case Publisher is established outside the EU,
the EU authorized representative is:
**Springer Nature Customer Service Center GmbH
Europaplatz 3, 69115 Heidelberg, Germany**

Printed by Libri Plureos GmbH
in Hamburg, Germany